Icing Cookie Lesson Book

아이싱 쿠키
레슨 BOOK

마쓰히라 아키나 지음

문희언 옮김

터닝
포인트

Contents

Chapter 1

아이싱 쿠키 기본 레슨

Chapter 2

두근두근 설렘이 가득! 12개월 아이싱 쿠키

Chapter 3

소중한 사람에게 주는 특별한 날의 아이싱 쿠키

이 책의 사용 방법

구두

재료
플레인 쿠키 → P.8
논페럴(노란색) → P.30

아이싱
아웃라인(RE+RO+BR)/ 중간
구두 바깥쪽 베이스(RE+RO+BR)/ 묽게
구두 안쪽 베이스(WH)/ 묽게
구두 입구 자수(RO 조금+BR 조금)/ 중간
꽃(RO 조금+BR 조금)/ 단단하게

사용한 토핑 아이템(P.30)을 표기

아이싱의 굳기를 알기 쉽게 '단단하게', '중간', '묽게'로 표기(P.11)

아이싱 채색에 사용한 식용 색소의 배합을 표기. 색이름은 약칭(P.13)

아이싱 건조 시간에 대해서

아이싱 건조 시간은 쿠키의 앞부분을 모두 칠한 경우에는 완전히 마를 때까지 약 반나절이 걸립니다. 다만 계절과 기온, 실온, 습도, 아이싱을 칠한 범위, 굳기 등에 따라 건조에 걸리는 시간이 변합니다. 하룻밤 건조한 후에 건조제를 넣은 밀봉 용기에 넣거나 비닐에 싸서 보관하세요.

* 이 책에서 '아이싱'이라고 표기한 것은 모두 로열 아이싱을 말합니다.
* 계량스푼은 큰 순가락은 15ml입니다. 작은 숟가락은 5ml입니다.
* 오븐을 사용할 때는 미리 지정 온도로 예열해 놓습니다. 또한, 오븐 온도와 굽는 시간은 기준을 따릅니다. 기종에 따라 다르므로 상태를 보면서 조절하세요.

들 어 가 는 말

생일과 결혼, 크리스마스 등 이벤트처럼 특별한 날에
많이 만드는 아이싱 쿠키.
물론 그것도 좋지만, 일상생활 속에서도 만들어 계절과
그때그때 기분을 표현하거나 선물하는 것도 즐겁습니다.
귀엽고 맛있는 아이싱 쿠키로
계절을 느낄 수 있다면 얼마나 멋질까요.
이 책에서는 사계절의 변화를 느끼면서, 달마다 레슨을 받는 기분으로
만들어 보면 어떨까 해서 다양한 기술을 알려드립니다.
Chapter 2의 12개월이 끝날 때쯤이면, 표현의 폭이 틀림없이
넓어졌을 것입니다. 그 기술을 살려서 Chapter 3의 섬세한 모양을 사용한
선물용 쿠키에 도전하여 오리지널 디자인 쿠키를 만드는 데
도움이 될 수 있다면 좋겠습니다.
짤주머니 사용이 어렵다는 분을 위해 Chapter 1에서
짤주머니를 사용하지 않고 할 수 있는 데코레이션도 소개하고 있으니
우선은 그것부터 도전해서 아이싱 쿠키의 즐거움을 맛보시기 바랍니다.

아이싱의 무한한 가능성을
조금이라도 전할 수 있다면 기쁘겠습니다.

 마 쓰 히 라 아 키 나

Chapter
1

아이싱 쿠키 기본 레슨

아이싱을 처음 할 때 필요한 도구와 아이싱을 짜는 방법,
기본 기술을 사용한 쿠키 만드는 방법 등을 소개합니다.
이것으로 기본 데코레이션을 익히세요.

기본 도구

아이싱을 만들 때, 그림을 그릴 때 사용하는 도구를 소개합니다.
우선은 필요한 것을 준비한 후 시작하세요.

아이싱을 만드는 도구

1. 저울 재료를 계량할 때 사용합니다.
   정확한 계량을 위해서 디지털 타입을
   추천합니다.

2. 볼 설탕 파우더와 머랭 파우더 액을
   섞을 때 사용합니다. 스테인리스, 유리
   둘 다 괜찮습니다.

3. 작은 용기 머랭 파우더와 물을 섞을 때
   사용합니다.

4. 계량숟가락(큰 숟가락) 물 계량에
   사용합니다. 큰 숟가락은 1은 15ml
   입니다.

5. 포크 설탕 파우더와 머랭 파우더 액을
   섞을 때 사용합니다.

6. 거품기 머랭 파우더와 물을 섞을
   때 사용합니다. 작은 것이 사용하기
   편리합니다.

7. 차 거름망 머랭 파우더 액을 거를 때
   사용합니다.

8. 고무 주걱 볼에 넣은 아이싱을 예쁘게
   모을 때 사용합니다.

아이싱을 그리는 도구

1 2

3

4

5 6 7 8 9

1. **마스킹 테이프** OPP 시트로 짤주머니 (아이싱을 짜는 도구)를 만들 때, 끝맺음할 때 사용합니다. 투명테이프를 사용해도 괜찮습니다.'

2. **오븐 시트, OPP 시트** 짤주머니를 만들 때 사용합니다. 좋아하는 것을 사용하면 됩니다. OPP 시트는 제빵제과 가게에서 구할 수 있습니다.

3. **도마 시트** 아이싱을 반죽할 때 사용합니다. 얇은 시트 타입이 편리합니다.

4. **모양 깍지** 부속품을 짤 때 사용합니다. 깍지 입구의 모양은 종류가 다양하므로 만드는 부속품에 맞춰서 사용합니다. (P.18)

5. **이쑤시개** 아이싱에 채색하거나 모양을 그릴 때 사용합니다.

6. **가위** 짤주머니 앞을 자를 때 사용합니다. 작은 것이 편리합니다.

7. **붓** 점 모양 등을 칠하거나 남은 가루를 털 때 사용합니다.

8. **스패츌러** 아이싱을 반죽하거나 남는 부속품을 자를 때 사용합니다. 제빵제과 가게에서 구할 수 있습니다.

9. **핀셋** 쿠키에 토핑과 부속품을 붙일 때 사용합니다.

쿠키
만드는 방법

우선, 밑바탕이 되는 쿠키를 만듭니다.
재료에 코코아 파우더를 넣으면 코코아 쿠키가 됩니다.

재료(만들기 쉬운 분량) 무염 버터(200g), 바닐라 빈(1/2개),
그래뉴당(결이 보드라운 정제 설탕, 180g), 달걀(1개), 박력분(400g)

1 실온에 두었던 버터를 볼에 넣고 거품기로 공기가 들어가지 않도록 부드러워질 때까지 저으며 섞습니다.

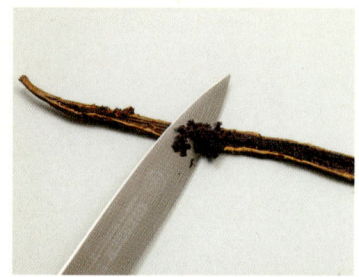

2 사진처럼 바닐라 빈을 칼로 훑습니다. 바닐라 빈이 없다면 바닐라 에센스를 사용해도 됩니다.

3 2와 그래뉴당을 1에 넣고 거품기로 비비면서 잘 섞습니다.

4 3에 풀어 놓은 달걀을 2~3회로 나누어 넣고 그때마다 잘 섞습니다.

5 박력분을 여러 차례 체로 나누어 거르며 넣은 후 잘 섞습니다.

코코아 쿠키를 만들 때는

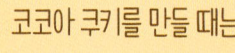

코코아 쿠키를 만들고 싶다면 5에서 박력분(350g)과 무당 코코아 파우더(50g)를 섞어서 넣습니다.

6 고무 주걱으로 바꿔서 살짝 섞습니다.

7 가루가 없어질 때까지 섞은 후 손으로 반죽합니다. 너무 반죽하지 않도록 주의하세요.

8 반죽을 하나로 만든 후 사용하기 편한 양으로 이삼 등분해서, 조금 평평하게 편 후 랩으로 쌉니다. 냉장고에서 최소한 1시간 정도 휴지합니다.

9 반죽대에 박력분을 얇게 뿌린 후 **8**의 반죽을 올려 반죽 밀대로 5mm 정도로 얇게 폅니다. 반죽 밀대를 사용하면 균일하게 반죽이 펴집니다.

10 쿠키 틀의 가장자리 부분에 박력분을 조금 뿌린 후 반죽을 자릅니다. 틀을 단단히 눌러야 반죽이 찢어지지 않습니다.

11 오븐 시트를 깐 오븐 팬 위에 간격을 넓혀서 올립니다. 다시 냉장고에 넣고 15~30분 반죽을 휴지시킨 후 170도로 예열된 오븐에 넣고 약 10분간 굽습니다.

12 희미하게 구운 색상이 보이면 완성입니다. 식힘대 위로 옮겨 식힙니다.

쿠키 반죽을 냉동 보관할 때는

남은 반죽을 보관할 때는 랩으로 감은 후 밀봉이 되는 비닐 주머니에 넣어 냉동고에 넣습니다. 이 상태로 약 1개월 보관할 수 있습니다. 사용할 때는 미리 냉장고에 넣어 자연 해동합니다.

형지 사용하는 방법
부록의 형지를 사용해서 다양한 모양의 쿠키를 만들어보세요. 좋아하는 그림 등을 그려서 오리지널 형지도 만들 수 있습니다.

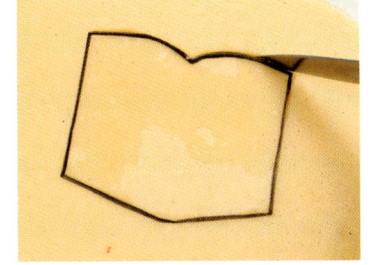

1 부록의 형지(혹은 좋아하는 일러스트 등)를 좋아하는 크기로 복사한 후 그 위에 클리어파일을 올린 후 유성 펜으로 그립니다. 선을 따라 가위로 자릅니다.

2 밀어 놓은 쿠키 반죽 위에 형지를 올리고 형지를 따라 칼을 수직으로 넣어 자릅니다.

사진은 보기 쉽도록 선을 남기고 잘랐지만, 실제로는 선 안에서 자르세요.

3 주변의 반죽과 형지를 잘 정리합니다. 위의 순서 11~12처럼 굽습니다.

아이싱
만드는 방법

설탕 파우더, 머랭 파우더, 물을 섞어서 기본의 흰 아이싱을 만듭니다. 재료를 섞기만 하면 간단히 완성됩니다.

재료(만들기 쉬운 분량) 설탕 파우더(200g), 머랭 파우더(10g), 물(큰 숟가락 2)

1️⃣ 작은 그릇에 머랭 파우더와 물을 넣고 거품기로 섞습니다.

달걀을 사용할 때는

머랭 파우더 대신 달걀흰자 30g(M 사이즈 약 1개, 알 끈은 제거)을 넣고 같은 순서로 만듭니다. 달걀흰자는 3에서 차 거름망으로 거르지 않아도 됩니다.

2️⃣ 응어리가 없어질 때까지 확실히 섞습니다.

3️⃣ 설탕 파우더를 볼에 체를 쳐서 넣고 2를 차 거름망으로 걸러 넣습니다.

4️⃣ 포크로 거품이 생기지 않도록 빠르게 확실히 섞습니다.

5️⃣ 전체가 잘 섞이면 자르듯이 5분 정도 섞습니다.

6️⃣ 윤기가 나고 포크를 들어 올렸을 때 사진처럼 뿔이 확실히 선다면 완성입니다 (단단하게).

아이싱을 보관할 때는

바로 사용하지 않을 때는 밀폐용기에 넣어서 젖은 행주와 키친 페이퍼를 덮은 후 뚜껑을 덮어서 냉장고에 넣습니다. 머랭 파우더로 만든 경우에는 약 1주일, 달걀흰자는 3일 이내에 사용합니다.

아이싱 굳기 조절하는 방법

아이싱으로 선과 모양, 베이스(면) 등을 그릴 때는 굳기를 나누어 사용합니다. 처음에는 단단한 아이싱을 만들어서 묽게 조절하는 것이 좋습니다.

단단하게 만들고 싶을 때

설탕 파우더를 조금씩 더하면서 섞습니다.

묽게 만들고 싶을 때

스패츌러 끝에 물을 적셔 조금씩 더하면서 섞습니다.

> 적은 양으로도 변하기 쉬우니 주의!

굳기 기준

부속품을 만들 때	아웃라인과 선을 그릴 때	면을 빈틈없이 모두 칠할 때
 단단하게	 중간	 묽게
스패츌러로 뜨면 달라붙어 떨어지지 않습니다. 휘저으면 단단히 뿔이 섭니다. 모양 깍지를 사용해서 아이싱으로 꽃 같은 부속품을 만들 때(P.18)의 굳기입니다.	스패츌러로 뜨면 천천히 아래로 떨어집니다. 휘저으면 자국이 남습니다. 아웃라인과 선 모양을 그릴 때, 토핑을 붙일 때의 굳기입니다.	스패츌러로 뜨면 바로 흘러 떨어집니다. 휘저으면 매끄러워서 자국은 3~5초(작은 공간일 때는 5초)에 사라집니다. 베이스를 완전히 칠할 때의 굳기입니다.

아이싱 연마 방법

아이싱을 짜기 전과 냉장 보관했던 아이싱을 사용할 때는 한 번 반죽하면 매끄러워져 짜기 쉬워집니다.

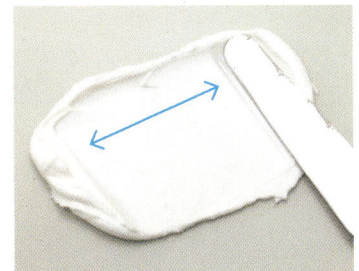

1️⃣ 평평한 작업대에 아이싱을 올리고 스패츌러의 평평한 면을 사용해서 좌우로 폅니다. 공기에 닿으면 건조해지므로 재빨리 작업합니다.

2️⃣ 스패츌러의 끝 부분을 사용해서 넓어진 아이싱을 정리합니다. 매끄러운 상태가 될 때까지 1·~2 과정을 반복합니다.

3️⃣ 아이싱의 양이 많을 때는 용기에 넣어 공기가 들어가지 않도록 섞습니다.

아이싱 채색

식용 색소를 사용한 아이싱 채색 방법입니다.
색소 양을 조절하면서 좋아하는 색을 만들어 보세요.

재료 식용 색소(적당량)/ 흰 아이싱(사용할 분량)

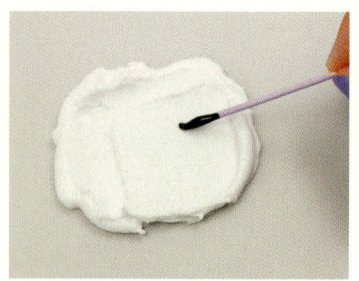

1 좋아하는 색의 식용 색소를 이쑤시개 끝에 묻혀서 흰 아이싱에 바릅니다.

2 P.11의 '아이싱 연마 방법'처럼 전체에 색소가 물들도록 연마합니다.

3 묽은 아이싱을 채색할 때는 그릇에 넣은 그대로 이쑤시개로 색소를 묻혀 팔레트 칼로 잘 섞습니다.

Point 1

1 옅은 색을 만들 때는 우선 소량의 진한 색 아이싱을 만듭니다.

2 1을 조금씩 떼어 흰 아이싱에 섞으면 색 조절이 쉽습니다.

Point 2

식용 색소로는 검은 아이싱을 만들기 어려우므로 대나무 숯 분말을 사용해서 흰 아이싱에 조금씩 섞어서 농도를 조절합니다.

＊아이싱은 건조하면 색이 진해지므로 넣을 때 주의합니다.

〉 쿠키에 뿌리면 이렇게 귀엽다! 〈

컬러 설탕을 만들자

재료

그래뉴당
크리스털 설탕
은박 설탕 등 좋아하는 설탕
식용 색소

1 뚜껑이 있는 용기에 설탕을 넣고 물에 녹인 식용 색소를 넣습니다.

2 단단하게 용기 뚜껑을 닫고 잘 흔듭니다.

3 얼룩 없이 섞으면 완성. 같은 방법으로 흰 논페럴도 채색할 수 있습니다.

＊바로 사용하지 않을 때는 실리카젤 같은 건조제와 함께 보관합니다.

아이싱 컬러 차트

이 책에서 사용한 기본 컬러 12색을 소개합니다.
이 색을 조합하거나 농도를 바꿔서 쿠키를 꾸며 보세요.

레몬 옐로우 **LY**   골든 옐로우 **GY**   오렌지 **OR**

브라운 **BR**   레드 **RE**   로즈 **RO**

바이올렛 **VI**   로열 블루 **RB**   블랙 **BL**

모스 그린 **MG**   켈리 그린 **KG**   리프 그린 **LG**

* 대문자는 색의 약칭입니다.
* 위의 색 말고도 대나무 숯 분말(TP)을 사용한 검은색도 사용합니다.
* 색의 농담은 작품에 따라 다르므로 각각의 사진을 보면서 알맞게 조절하세요.

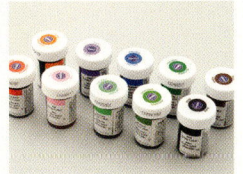

이 책에서 사용한 식용 색소는 **Wilton사의 아이싱 컬러**

젤 형태라 아이싱에 직접 섞을 수 있으며, 얼룩지지 않고 깨끗하게 사용할 수 있습니다.
적은 양이라도 굉장히 발색이 좋으며 선명한 색조로 컬러도 풍부합니다.

짤주머니
만드는 방법

아이싱을 짤 때 사용하는 짤주머니 만드는 방법입니다.
오븐 시트나 OPP 시트를 사용해서 만드세요.

짤주머니 A (기본·깍지용)

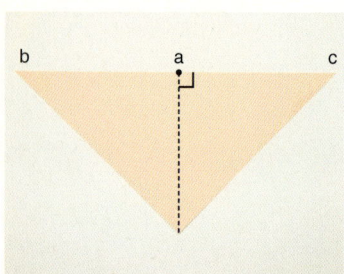

1 오븐(OPP) 시트를 정사각형으로 자른 후 다시 반으로 잘라 직각이등변삼각형을 만듭니다.

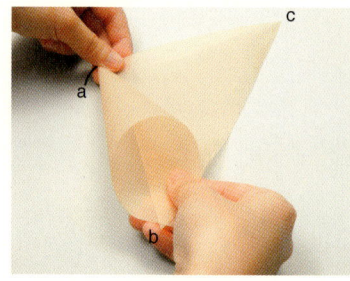

2 1 사진의 방향으로 앞의 뿔을 잡고, 거기에 a를 지점으로 하여 b를 둥글게 맙니다.

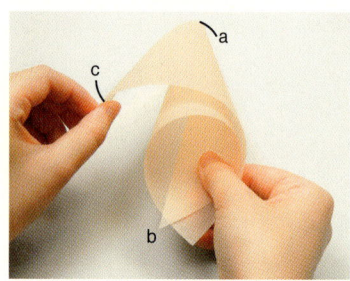

3 2의 위로 겹치듯 반대쪽부터 c를 맙니다. 종이에 빈틈이 생기지 않도록 단단히 맙니다.

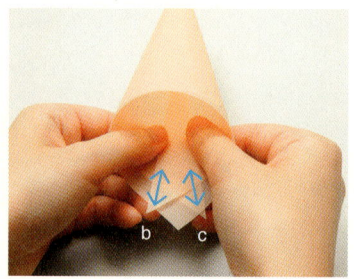

4 b와 c를 손가락으로 안쪽, 바깥쪽 순서대로 조금씩 움직여 a의 끝을 뾰족하게 만듭니다.

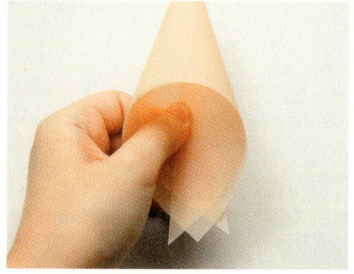

5 바깥 둘레를 팽팽하게 당겨 3개의 뿔을 조금씩 겹쳐진 상태로 정리해서 안쪽에서 접습니다.

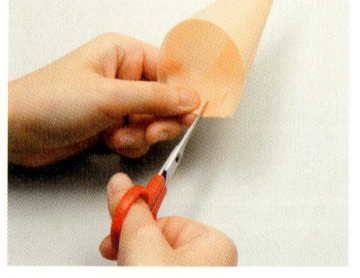

6 접은 부분을 손가락으로 꽉 고정하고 겹쳐진 3장을 가위로 약 5mm 정도 잘라서 안으로 넣습니다.

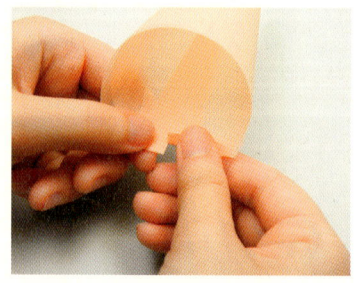

7 잘라서 넣은 한쪽 편을 다시 한 번 안에서 접습니다. 짤주머니가 단단히 고정됩니다.

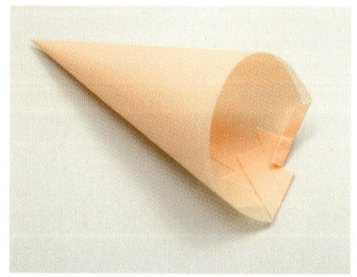

8 완성입니다. 베이스용의 묽은 아이싱을 짤 때, 모양 깍지를 쓸 때 사용할 수 있습니다.

OPP 시트로 만드는 방법

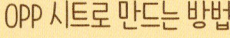

OPP 시트로 짤주머니를 만들 때는 위의 4까지는 같으며 마지막에 사진처럼 마스킹 테이프 등으로 고정해서 완성합니다.

짤주머니 B(가는선용)

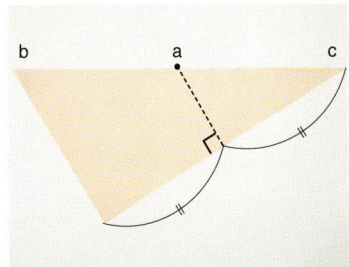

1 오븐(OPP) 시트를 정사각형으로 자른 후 다시 반으로 잘라 직각삼각형을 만 듭니다.

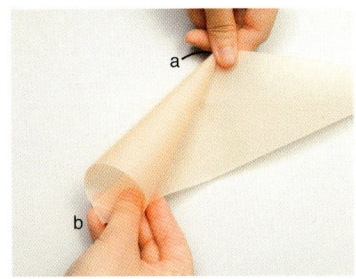

2 1 사진의 방향으로 앞의 뿔을 잡고 거기에 a를 지점으로 하여 b를 둥글게 맙니다.

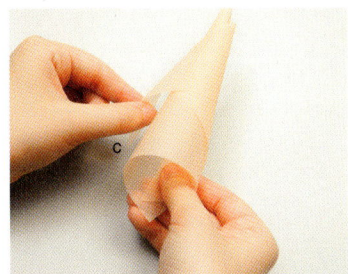

3 2의 위로 겹치듯 반대쪽부터 c를 2번 맙니다.

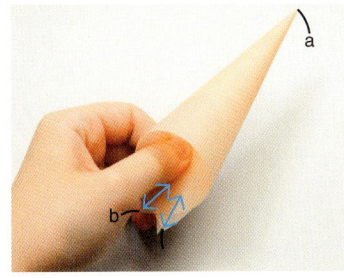

4 B와 C를 손가락으로 안쪽, 바깥쪽 순서대로 조금씩 죽 움직여 a의 끝을 뾰족하게 만듭니다. 종이에 빈틈이 생기지 않도록 주의합니다.

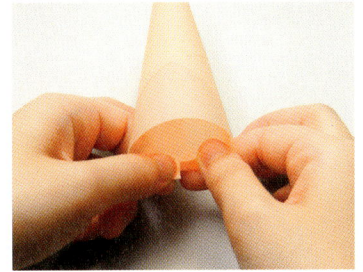

5 어긋나지 않도록 뿔이 겹쳐진 부분을 손가락으로 누르며 안쪽부터 접습니다. 접은 부분은 가위로 약 5mm 정도 잘라 넣은 후 반대쪽을 다시 한 번 안쪽으로 접습니다.

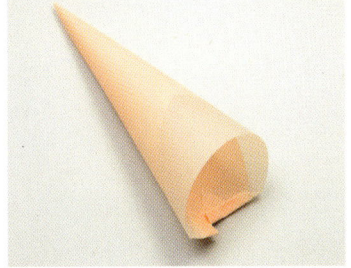

6 완성입니다. 짤주머니보다 앞이 가늘어서 아웃라인과 가는 선을 짤 때 사용합니다.

짤주머니를 채우는 방법

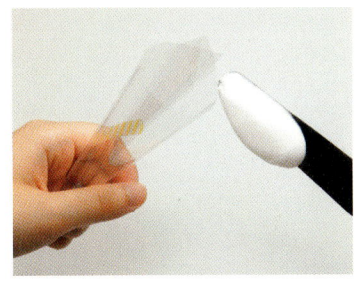

1 팔레트 나이프 끝에 아이싱을 묻혀 짤주머니 안까지 넣습니다.

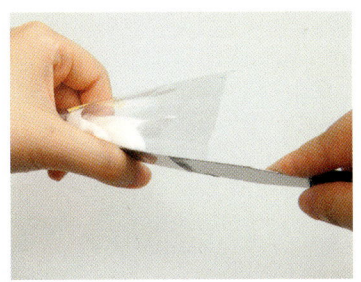

2 짤주머니가 어긋나지 않도록 주의하면서 엄지손가락으로 아이싱을 막듯이 누르며 팔레트 나이프를 뽑아냅니다.

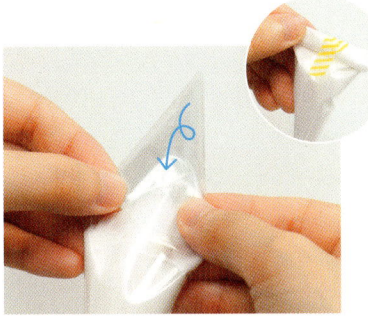

3 짤주머니 윗부분의 양 끝을 사진처럼 안쪽으로 접고, 위부터 몇 차례 접습니다. 짤주머니 끝으로 아이싱을 모읍니다. OPP 시트는 마지막에 테이프로 고정합니다.

짤주머니를 짜는 기본 방법

쿠키를 데코레이션할 때 사용하는 짤주머니를 짜는 기본 방법입니다. 짜는 방법을 익히면서 여러 가지 모양에 도전해 보세요.

짤주머니 사용 방법

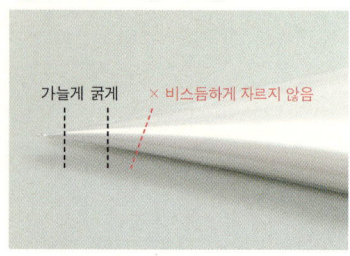

1️⃣ 짤주머니의 뾰족한 끝을 가위로 곧게 자릅니다. 자르는 위치에 따라 굵기를 조절합니다.

2️⃣ 짤주머니는 사진처럼 잡고, 접은 선에 엄지손가락이 오도록 합니다.

3️⃣ 짤 때는 책상에 손을 올려 고정하고, 짤주머니를 접은 선 부분을 누릅니다. 처음에는 사진처럼 다른 한쪽 손은 거들어도 좋습니다.

직선 그리기

Point

선이 엇나가지 않도록 처음 짤 때와 마지막을 빼고는 짤주머니 끝을 문지르지 않습니다.

1️⃣ 짤주머니 끝을 그리는 면에 대고 짜면서 짤주머니를 들어 올립니다.

2️⃣ 마지막에는 짤주머니 끝을 면에 문지르듯이 해서 자릅니다.

곡선 그리기

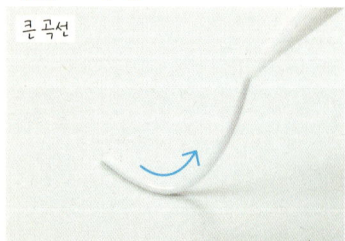

큰 곡선

작은 곡선

1️⃣ 짤주머니를 짜면서 천천히 들어 올려 사진처럼 움직여 선을 곡선으로 만듭니다.

2️⃣ 곡선 끝에 짤주머니를 내립니다. 곡선을 반복해서 이어나갈 때는 같은 폭으로, 곡선의 깊이를 의식하면서 그립니다.

짤주머니를 들어 올리지 않고 끝을 조금씩 흔들면서 얇게 곡선을 그립니다. 힘을 주지 않습니다.

점 그리기

1 짤주머니 끝을 그리는 면에 대고, 그대로 위치를 움직이지 않고 짭니다.

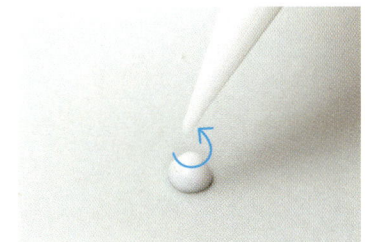

2 적당한 크기가 되면 짤주머니 끝에서 표면을 덧그리듯이 화살표처럼 돌려서 끊습니다.

Point

점에 뿔이 생기면 물에 적신 붓으로 가볍게 눌러 표면을 평평하게 하면 좋습니다.

물방울·꽃 그리기

1 점을 짜는 것처럼 짤주머니 위치를 움직이지 않고 짜기 시작해서 끝을 조금씩 줄줄 끊습니다.

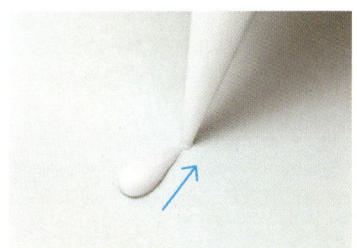

2 짜는 힘을 약하게 빼면서 마지막에는 짤주머니 끝을 겹쳐서 자릅니다.

중앙에 점을 짠 것

3 물방울을 사진처럼 한 바퀴 짠 후, 중앙에 점을 짜면 꽃이 됩니다.

잎 그리기

1 짤주머니 앞을 손가락으로 찌부러뜨리면서 사진처럼 V자로 자릅니다.

2 짤주머니 끝을 짜는 면에 대고 짜낸 후, 힘을 빼면서 비스듬하게 위에 쓱 빼냅니다. 크기는 1번의 자르는 위치로 소절합니다.

지그재그 그리기

폭을 맞춰서 얇게 짭니다. 옷 자수 등을 그릴 때 시옹합니다.

17

깍지 사용

1 아이싱을 채우기 전에 짤주머니 A의 끝을 가위로 반듯하게 자릅니다.

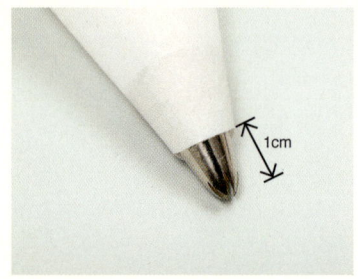

2 가운데에 깍지를 끼웁니다. 짤주머니 끝부터 깍지까지 약 1cm 정도가 좋습니다.

3 아이싱을 담아서 짤주머니 윗부분을 접어 접은 선 부분을 눌러 짭니다.

깍지를 사용해서 꽃 그리기

1 꽃 모양 깍지를 끼운 짤주머니 끝을 그리는 면을 수직으로 해서 댑니다.

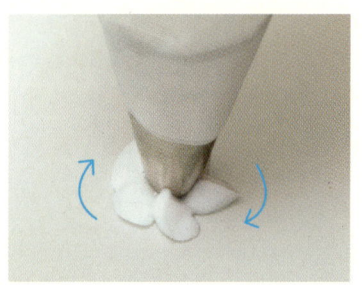

2 짜면서 화살표처럼 손목을 돌리며 회전합니다.

3 힘을 빼고 짤주머니를 위로 올리면 완성입니다.

많은 종류의 깍지

깍지에는 많은 종류가 있습니다. 여기에서는 그 일부를 소개합니다. 짜고 싶은 모양에 맞춰서 사용하세요.

❶별 별 모양 깍지. 한 바퀴 휙 두르면 사진처럼 꽃도 됩니다.
❷꽃 꽃 모양 깍지. 짜는 꽃잎의 숫자와 꽃의 모양은 깍지 모양에 따라 각양각색.
❸꽃·벚꽃 벚꽃 모양 깍지. 간단하게 벚꽃 모양으로 짤 수 있습니다.
❹꽃·국화 국화 모양 깍지. 사진처럼 이어서 짜면 조개 모양처럼 됩니다.

기본 쿠키 데코레이션

1 중간 굳기(P.11) 아이싱으로 아웃라인을 뺍니다.

2 1이 마르면 베이스용의 묽은 아이싱(P.11)으로 안쪽을 덧그립니다.

3 베이스를 칠합니다. 베이스용 아이싱이 너무 묽으면 마른 후 표면이 꺼지기 쉬우므로 주의하세요.

Point 1
아웃라인의 끝 부분이 밀려 나오면 당황하지 말고 붓으로 남는 부분을 잘라 없앱니다.

Point 2
베이스를 다 칠하고 쿠키를 가볍게 흔들면 아이싱이 뭉치지 않고 전체에 퍼집니다.

Point 3
쿠키의 얇은 부분에 베이스를 짤 때는 넓은 면을 칠하면서 조금씩 붓으로 아이싱을 펴 바르면 좋습니다.

모양내는 방법

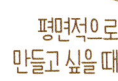
평면적으로 만들고 싶을 때

베이스를 칠한 후, 마르기 전에 모양을 그립니다. 마르면 표면이 잘 어울려 평면적으로 마무리 됩니다.

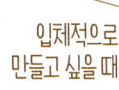
입체적으로 만들고 싶을 때

베이스를 칠한 후, 완전히 마른 후 모양을 그립니다. 마르면 모양이 떠 있는 것처럼 입체적으로 마무리 됩니다.

짜지 않는 간단한 쿠키

짤주머니로 아이싱을 짜지 않고 데코레이션할 수 있는 기술을 사용해서 손쉽게 귀여운 쿠키를 만들어 보세요.

푹신푹신한 하트
난이도 ★

재료 플레인 쿠키(형지②) → P.8
코코넛(파인) → P.30

아이싱 베이스(WH)/ 묽게

> 표면이 푹신푹신하고 부드러워 보이는 쿠키. 베이스는 아이싱이 담긴 그릇에 쿠키 표면을 깊이 담그면 됩니다. 위에 코코넛 토핑을 뿌리면 어느새 완성입니다.

반짝반짝 별
난이도 ★

재료 플레인 쿠키(형지③) → P.8
아라잔(큰 것, 작은 것, 실버) → P.30
크리스털 설탕 → P.30

아이싱 베이스(WH)/ 묽게

> 밤하늘에 빛나는 유성 같은 쿠키. 베이스를 아이싱에 담근 후, 크고 작은 아라잔을 뿌려 반짝반짝 빛나는 느낌을 연출합니다. 마무리로 크리스털 설탕을 뿌리면 빛나는 별이 됩니다.

리본 리스
난이도 ★★

재료 플레인 쿠키(형지④) → P.8
아라잔(큰 것, 작은 것, 실버) → P.30
크리스털 설탕 → P.30

아이싱 베이스(WH)/ 묽게
부속품 접착(WH)/ 중간

> 흰 리본을 단 순백의 리스. 원 둘레 부분에 작은 논페럴을 깔고 위에 아라잔을 장식합니다. 좋아하는 토핑으로 바꿔서 다른 분위기로 완성해 보세요. 크리스마스 선물에도 좋은 디자인입니다.

1 베이스용 아이싱을 용기에 넣고 쿠키 바깥쪽을 아래로 해서 표면을 담급니다. 남는 아이싱은 팔레트 나이프로 제거합니다.

2 붓과 이쑤시개를 사용해서 모양을 정리합니다.

3 1이 덜 말랐을 때 숟가락으로 코코넛을 뿌립니다. 전체에 균일하게 뿌립니다.

1 베이스용 아이싱을 용기에 넣고 쿠키 바깥쪽을 아래로 해서 표면을 담급니다. 남는 아이싱은 팔레트 나이프로 제거합니다.

2 모양을 정리한 후에 핀셋으로 크고 작은 아라잔을 올립니다.

3 1이 덜 말랐을 때 숟가락으로 크리스털 설탕을 뿌립니다.

1 솔을 사용해서 쿠키 표면에 베이스용 아이싱을 칠합니다.

2 1이 다 마르면 쿠키 중앙에 원을 남기고 붓으로 아이싱을 칠한 후, 마르기 전에 숟가락으로 논페럴을 뿌립니다.

3 논페럴 위에 이쑤시개로 아이싱을 올리고(짤주머니로 짜도 좋음), 그 위에 핀셋으로 아라잔과 리본을 올려붙입니다

21

평면 모양 쿠키

쿠키에 평면 모양을 그릴 때는 완성까지 속도가 중요합니다.
번지지 않도록 반드시 잘 연마된 아이싱을 사용하세요.

점무늬 하트
난이도 ★★

재료 플레인 쿠키(형지 ②) → P.8

아이싱 아웃라인(RE)/ 중간
베이스(RE)/ 묽게, 점(WH)/ 묽게

> 분홍과 흰색의 소녀다운 조합의 하트 모양 쿠키입니다. 점 하나하나 균형을 잘 잡아서 균등한 폭과 같은 크기로 그리는 것이 비결입니다. 점 크기로 인상이 바뀌므로 좋아하는 크기로 조절하세요.

줄무늬 정사각형
난이도 ★

재료 플레인 쿠키(형지 ⑤) → P.8
아라잔(큰 것, 작은 것, 실버) → P.30
크리스털 설탕 → P.30

아이싱 아웃라인(KG)/ 중간
베이스(KG)/ 묽게, 푸른 선(RB)/ 묽게
노란 선(GY 적게)/ 묽게

> 부드러운 색 조합으로 자연스런 인상의 줄무늬 쿠키입니다. 선이 구부러지지 않도록 곧게 그리세요. 색 조합을 바꾸면 인상이 크게 변하므로 컬러풀한 색으로 만들어도 즐겁습니다.

화살 깃무늬 서클
난이도 ★★

재료 플레인 쿠키(형지 ⑥) → P.8
아라잔(큰 것, 작은 것, 실버) → P.30
크리스털 설탕 → P.30

아이싱 아웃라인(RB)/ 중간
베이스(RB)/ 묽게, 분홍 선(RE)/ 묽게
흰 선(WH)/ 묽게

> 옷 무늬에서 자주 볼 수 있는 화살 깃무늬 쿠키입니다. 복잡한 무늬처럼 보이지만 만드는 방법은 뜻밖에 간단합니다. 베이스가 마르기 전에 재빨리 모양을 그리는 것이 중요합니다. 부드러운 색 조합이 잘 어울리는 디자인으로 좋아하는 배색으로 시험해 보세요.

1 쿠키 모양을 따라서 하트 모양으로 아
웃라인으로 뺍니다.

2 1이 마르면 베이스용 아이싱으로 아웃
라인의 안쪽을 덧그린 후 칠합니다.

3 2가 마르기 전에 점을 짭니다. 베이스
안에 짤주머니가 닿으면 번지므로 위에
서 떨어뜨리듯이 그리는 것이 좋습니다.

1 쿠키 모양을 따라서 사각으로 아웃라
인을 빼고 마르면 그 안쪽을 덧그린 후
그대로 베이스를 칠합니다.

2 1이 마르기 전에 푸른 선을 뺍니다. 선이
흐트러지지 않도록 죽 빼듯이 합니다.

3 그리고 2의 선 사이에 노란 선을 뺍니
다. 베이스가 마르기 전에 재빠르게 빼
는 것이 중요합니다.

1 쿠키 모양을 따라서 둥글게 아웃라인
을 빼고, 마르기 전에 안쪽을 덧그린 후
그대로 베이스를 칠합니다.

2 1이 마르기 전에 분홍 선을 뺀 후, 그사
이에 흰 선을 뺍니다.

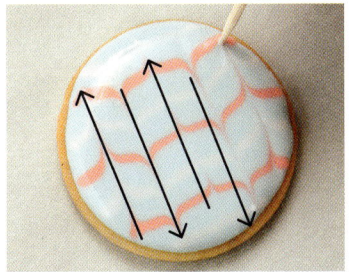

3 2의 선에 수직으로 이쑤시개를 넣어서
화살표처럼 위아래로 선을 뺍니다. 이
쑤시개는 선을 빼면서 앞에 붙은 아이
싱을 닦는 것이 중요합니다.

23

입체 모양 쿠키

쿠키 모양을 입체적으로 만들 때는 베이스가 마른 후
모양을 그립니다. 평면적인 모양과 입체적인 모양을 조합하면
귀엽게 마무리됩니다.

점무늬 별
난이도 ★

재료 플레인 쿠키(형지 ③) → P.8

아이싱 아웃라인(RB)/ 중간
베이스(RB)/ 묽게, 점(OR)/ 중간

점이 볼록하게 도드라지는 별 모양 쿠키입니다. 베이스가 마른 후
모양을 짭니다. 짤주머니 앞을 비틀어서 자르면 점에 뿔이 안 섭니
다. 뿔이 서면 붓으로 모양을 정리하세요.

체크 무늬 서클
난이도 ★★

재료 플레인 쿠키(형지 ⑥) → P.8

아이싱 아웃라인(GY 적게)/ 중간
베이스(GY 적게)/ 묽게, 오렌지 선(OR)/ 묽게,
푸른 선(RB)/ 묽게, 분홍 선(RE)/ 중간

평면 모양과 입체 모양을 조합한 체크 무늬 쿠키입니다. 평면 모양
으로 그린 체크 무늬 사이에 입체 선을 빼면서 나중에 빼는 선의
공간을 생각해서 처음 체크 무늬를 균형을 맞춰 그리세요.

폭신폭신한 줄무늬 하트
난이도 ★★

재료 플레인 쿠키(형지 ②) → P.8, 그래뉴당

아이싱 아웃라인(OR)/ 중간
베이스(OR)/ 묽게, 노란 선(GY 적게)/ 중간

설탕의 폭신폭신한 느낌을 살린 줄무늬가 귀여운 하트 모양 쿠키
입니다. 잘 마르므로 선은 1개씩 짜서 설탕을 올리는 작업을 반복
합니다. 붓으로 제거할 때는 너무 세게 힘을 넣지 않도록 주의하
세요.

1 쿠키 모양을 따라서 별 모양으로 아웃라인을 뺍니다.

2 1이 마르면 베이스용 아이싱으로 아웃라인의 안쪽을 덧그린 후 면을 칠합니다.

3 2가 마르면 점을 짭니다.

1 쿠키 모양을 따라 둥근 아웃라인을 빼고, 마르면 베이스를 칠합니다. 베이스가 마르기 전에 오렌지 선을 뺍니다.

2 1이 마르기 전에 오렌지 선과 교차하면서 푸른 선을 뺍니다.

3 2가 마르기 전에 2가지 색 선 사이를 통과하듯이 분홍 선을 뺍니다.

1 쿠키 모양을 따라서 하트 모양에 아웃라인을 빼고, 마르면 베이스용 아이싱으로 아웃라인 안쪽을 덧그린 후 면을 칠합니다.

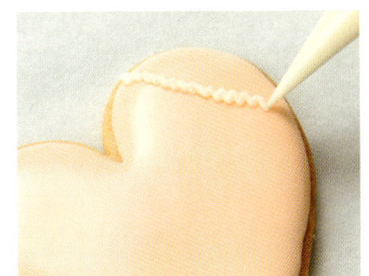

2 1이 마르면 가는 지그재그 노란 선을 한 줄 뺍니다.

붓으로 그래뉴당을 털어냅니다.

3 2가 마르기 전에 숟가락으로 그래뉴당을 뿌립니다. 한 줄씩 선을 짜면서 같은 작업을 반복합니다. 모두 짠 후 아이싱이 마르면 붓으로 남은 그래뉴당을 털어냅니다.

레이스 무늬 쿠키

단순한 쿠키에 섬세한 레이스 무늬를 짜면 훨씬 화려해집니다.
연습을 통해 차차 비결을 익힐 수 있습니다.

레이스 무늬 정사각형
난이도 ★★

재료 플레인 쿠키(형지 ⑤) → P.8

아이싱 아웃라인(RB)/ 중간
베이스(RB)/ 묽게, 레이스(WH)/ 중간

세로로 레이스 무늬를 짠 정사각형 모양 쿠키입니다. 손 쓰임에 맞춰서 짜는 방향을 바꾸면서 짤주머니가 움직이는 방향을 연구하면 그리기 쉽습니다. 쿠키를 뱅글뱅글 돌리면서 레이스 무늬를 그려 보세요.

레이스 무늬 브로치
난이도 ★★

재료 플레인 쿠키(형지 ④) → P.8

아이싱 아웃라인(KG)/ 중간
베이스(KG)/ 묽게, 레이스(WH)/ 중간

중심에 둥근 모양 돌을 받친 브로치 같은 디자인의 쿠키입니다. 우아한 레이스 장식이 매력입니다. 쿠키를 굽기 전 좀 더 연구해서 베이스 부분에 짜기 쉽게 만듭니다. 다른 디자인에도 응용할 수 있는 기술입니다.

레이스 무늬 원
난이도 ★★★

재료 플레인 쿠키(형지 ⑥) → P.8

아이싱 아웃라인(RE)/ 중간
베이스(RE)/ 묽게, 레이스(WH)/ 중간

비스듬하게 걸린 레이스 모양은 기본의 그리는 방법을 조합해서 응용한 것으로 곡선을 깨끗하게 짜는 기술이 필요합니다. 처음 짜는 장소와 선이 겹치지 않도록 주의하세요.

1 네모 모양에 아웃라인을 빼고, 마르면 베이스를 칠합니다. 베이스가 마르면 흰 직선을 4개 그립니다.

2 안쪽의 직선을 따라 작은 곡선을 그립니다. 쿠키 방향을 커브가 둥근 쪽이 앞이 되도록 위치를 바꿉니다.

3 바깥쪽 직선을 따라 점을 그립니다. 본인이 보는 방향에서 직선이 가로가 되도록 쿠키 위치를 바꿔 앞에서부터 직선쪽으로 짜면 좋습니다.

1 미리 쿠키 반죽에 둥근 모양으로 자국을 남기고 구우세요. 이 자국을 따라서 아웃라인을 뺀 후 마르면 베이스를 칠합니다.

2 1이 마르면 쿠키 모양을 따라 흰 곡선을 그립니다. 쿠키 방향을 커브가 둥근 쪽이 앞이 되도록 돌리면서 짭니다.
＊점을 짜기 위한 공간을 남깁니다.

3 곡선을 따라서 점을 3개씩 짭니다.

1 둥근 모양에 아웃라인을 빼고 마르면 베이스를 칠합니다. 베이스가 마르면 쿠키의 1/3 정도 되는 곳에서 큰 커브를 그려 그 선에 맞춰 작은 곡선을 그립니다.

2 1 아래에 같은 크기의 커브를 그리고 그 선을 따라 큰 곡선을 그립니다.

3 2의 커브 위쪽을 따라서 아래쪽 곡선과 곡선 사이에 물방울 모양으로 선을 짜고, 점도 짭니다. 물방울 모양 선이 곡선과 겹쳐지지 않도록 주의하세요.

시판 과자에 아이싱

아이싱용 쿠키를 굽지 않고 시중에서 파는 과자와 사각 설탕에 아이싱해도 귀엽게 완성됩니다. 초심자는 물론, 홈 파티와 축하할 때도 좋습니다.

✳ 마카롱

컬러풀한 마카롱과
아이싱 조합은 최고입니다.
꽃과 레이스 모양이
매우 잘 어울립니다.

✳ 비스킷

단순한 비스킷이라도 레이스를
그리면 먹는 것이 아까울 정도로
귀엽게 변신합니다.
아이싱 연습에도 좋습니다.

✳ 사각 설탕

사각 설탕 위에 꽃과 무늬를
그리면 우아한 티타임이 됩니다.
차에 넣으면 꽃이 가볍게 떠서
마실 때 즐거운 작품입니다.

✳ 동물 쿠키

귀여운 동물 모양 쿠키에
아이싱으로 멋을 내세요!
당장이라도 움직일 것 같은
사랑스럽고 귀여운 작품으로
완성됩니다.

편리한 토핑 아이템

작품에 사용하면 화려하게 만들어 주는 토핑 아이템입니다.
종류도 색상도 다양하므로 마음에 드는 것을 찾아보세요.

1. **토핑 스타 팝 설탕** 컬러풀한 별 모양 설탕입니다. 이어서 목걸이 풍으로 사용하는 등 액세서리 표현에 알맞습니다.

2. **은박 설탕** 은박이 섞인 입자가 가는 그래뉴당입니다. 반짝반짝 밝게 빛나는 것을 표현할 때 사용하면 편리합니다.

3. **모네 스프링클**의 하나입니다. 옅은 파스텔 색상이 특징으로 조개 장식 등에 사용합니다.

4. **스노우 플레이크** 스프링클의 하나입니다. 눈 결정을 딴 모양으로 겨울 모티브 작품에 잘 어울립니다.

5. **클리스털 설탕** 입자가 큰 그래뉴당입니다. 크리스털처럼 빛나는 표현에 알맞습니다.

6. **논페럴** 스프링클의 하나입니다. 작은 입자가 특징으로 다양한 색상이 있습니다. 꽃술 등에 사용합니다.

7. **코코넛** 길게 자른 것(롱)과 짧게 자른 것(파인)이 있습니다. 폭신폭신한 질감을 표현하기 좋습니다.

8. **하트** 스프링클의 일종입니다. 하트는 나비넥타이와 꽃장식에 사용하기도 합니다. (P.82)

9. **아라잔(실버)** 아라잔은 광택이 있으며 빛나는 것이 특징입니다. 실버는 반지 장식 등에 사용합니다. 크기는 각각이라서 조합해서 사용하면 좋습니다.

10. **아라잔(골드)** 골드는 비키니 장식 등에 사용합니다. 앤티크풍의 모티브와도 잘 어울립니다. 크기는 다양합니다.

11. **설탕 과자 진주** 진주 같은 색이 특징으로 색과 크기는 다양합니다. 반지 장식 등에 사용합니다.

12. **검은 설탕** 검은 그래뉴당입니다. 어른스럽고 우아한 분위기를 냅니다.

Chapter 2

두근두근 설렘이 가득!
12개월 아이싱 쿠키

봄 벚꽃, 여름 바다, 가을 단풍, 겨울 눈……등,
계절의 변화에 맞춰서 디자인한 쿠키입니다.
이벤트와 파티를 위해 만들어 보세요!

DRESS AND SHOES OF CHERRY BLOSSOM
벚꽃 원피스와 구두

벚꽃

원피스

April

부드러운 분홍색 벚꽃이 피면
옷과 구두도 벚꽃색으로 코디해 보세요.
설탕 베이스를 꽃잎 모양으로 만들어
원피스 소매를 화려하게 장식해 보세요.

구두

구두

재료

플레인 쿠키(형지 ⑦) → P.8
논페릴(노란색) → P.30

아이싱

아웃라인(RE+RO+BR)/ 중간
구두 바깥쪽 베이스(RE+RO+BR)/ 묽게
구두 안쪽 베이스(WH)/ 묽게
구두 입구 자수(RO 조금+BR 조금)/ 중간
꽃(RO 조금+BR 조금)/ 단단하게

1 구두 모양에 아웃라인을 뺍니다.

2 1이 마르면 구두 바깥쪽 베이스용 아이싱으로 아웃라인 안쪽을 덧그린 후 면을 칠합니다.

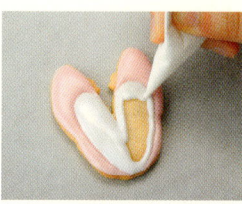

3 2가 마르면 구두 안쪽 베이스를 칠합니다.

4 3이 마르면 깍지(P.18)를 사용해 꽃을 3개 짭니다.

5 4가 마르기 전에 꽃 중앙에 논페릴을 3개씩 올립니다.

6 구두 입구에 자수를 그립니다. 가늘게 지그재그로 짭니다.

벚꽃

재료

플레인 쿠키(형지 ⑧⑨) → P.8
논페릴(노란색) → P.30

아이싱

벚꽃: 진한 분홍
베이스(RE+RO+BR)/ 묽게
꽃잎 선(RE+RO+BR)/ 중간
꽃술, 점(GY)/ 중간
벚꽃: 옅은 분홍
베이스(RO 약간+BR 약간)/ 묽게
꽃잎 선(RO 약간+BR 약간)/ 중간
꽃술, 점(GY)/ 중간

1 베이스용 아이싱을 용기에 넣고 쿠키 표면을 담급니다. 들어 올릴 때 늘어지는 여분의 아이싱은 팔레트 나이프로 제거합니다.

2 1이 마르면 벚꽃 잎 선을 뺍니다.

3 꽃술의 물방울 모양을 짜면서 중앙에 점을 짜고 그 위에 논페릴을 6개 올립니다.

원피스

재료

플레인 쿠키(형지 ⑩) → P.8

아이싱

아웃라인(RO 약간+BR 약간)/ 중간
베이스(RO 약간+BR 약간)/ 묽게
목둘레와 소매 자수(WH)/ 중간
꽃술(GY)/ 중간

설탕 반죽

벚꽃: 진한 분홍(RE+RO+BR)
벚꽃: 옅은 분홍(RO 약간+BR 약간)
벚꽃: 흰색(WH)

1 원피스 모양에 아웃라인을 뺍니다.

2 1이 마르면 베이스용 아이싱으로 아웃라인을 안쪽에 덧그린 후 면을 칠합니다.

3 설탕 반죽을 3가지 색의 그러데이션으로 채색하고 벚꽃 모양 몰드로 2장씩 만듭니다.

4 2가 마르면 3 표면에 붓으로 알코올을 발라 쿠키 표면에 붙입니다. 불거져 나온 부분은 칼로 자릅니다.

5 설탕 반죽 꽃 위에 꽃술을 짭니다. 점을 그리면서 그대로 중심 쪽으로 선을 빼듯이 하면 좋습니다.

6 목둘레와 소매에 자수를 그립니다. 얇은 지그재그로 짭니다.

나비

FIELD OF SPRING
봄 의 초 원

딸기

토끼

May

꿀벌

초원을 뛰노는 토끼와 꽃에 앉은 나비와 꿀벌.

딸기도 먹음직스럽게 열렸습니다.

나비 날개 모양은 뜻밖에도 어렵지 않습니다.

따뜻한 봄 분위기가 듬뿍 담긴 작품을 즐겨 보세요.

마거릿

FIELD OF SPRING 봄의 초원

나비

재료

플레인 쿠키(형지 ⑪) → P.8

아이싱

아웃라인(RB)/ 중간
베이스(RB)/ 묽게
날개 모양(BR+BL+RE)/ 묽게
머리, 몸통, 엉덩이(BR+BL+RE)/ 중간

1️⃣ 날개 모양에 아웃라인을 빼고 바깥쪽에 날개 모양의 아이싱으로 사진처럼 선을 그립니다. 남은 부분은 베이스용 아이싱으로 칠합니다.

2️⃣ 1이 마르기 전에 날개 모양의 아이싱으로 사진처럼 선을 그립니다. 좌우 날개를 한쪽씩 그리면 좋습니다.

3️⃣ 2가 마르기 전에 2의 선 안쪽(사진 A)부터 쿠키 중심 쪽으로 날개 윗부분, 아랫부분을 각각 5회씩 선을 뺍니다. 한 번씩 뺄 때마다 이쑤시개 앞을 닦으면서 윗부분 날개에는 점을 그립니다. 1~3까지 재빨리 하는 것이 중요합니다.

4️⃣ 반대쪽 날개도 같은 모양으로 하고, 다 마른 쿠키 중심에 머리와 몸통을 점으로 짠 후, 엉덩이는 물방울 모양으로 짭니다.

토끼

재료

플레인 쿠키(형지 ⑫) → P.8
코코넛(파인) → P.30

아이싱

베이스(WH)/ 묽게

1️⃣ 베이스용 아이싱이 담긴 용기에 쿠키 표면을 담근 후 여분의 아이싱은 팔레트 나이프로 제거합니다.

2️⃣ 붓을 사용해서 모양을 정리합니다.

3️⃣ 2가 마르기 전에 숟가락으로 코코넛을 뿌립니다.

38

딸기

재료

플레인 쿠키(형지 ⑬) → P.8
논페럴(노란색) → P.30

아이싱

딸기 아웃라인(RE)/ 중간
딸기 베이스(RE)/ 묽게
꼭지 아웃라인(LG+KG)/ 중간
꼭지 베이스(LG+KG)/ 묽게
씨(WH)/ 중간, 꽃(WH)/ 단단하게

1 딸기 열매 모양에 아웃라인을 뺀 후 베이스를 칠합니다. 마르면 꼭지 모양에 아웃라인을 빼고 베이스를 칠합니다.

2 물방울 모양으로 씨를 그립니다. 꼭지에 장식이 없는 딸기는 이것으로 완성입니다.

3 꼭지 베이스가 마르면 깍지(P.18)를 사용해서 꼭지 위에 꽃을 짭니다. 마르기 전 중심에 논페럴을 올립니다.

마거릿

재료

플레인 쿠키(형지 ⑭) → P.8
논페럴(노란색) → P.30

아이싱

베이스(WH)/ 묽게
꽃잎 선, 부속품 접착(WH)/ 중간

1 베이스용 아이싱이 든 용기에 쿠키 표면을 담근 후 여분의 아이싱을 팔레트 나이프로 제거한 후 붓으로 모양을 정리합니다.

2 1이 마르면 꽃잎 선을 그립니다.

3 중심에 점을 짜고 거기에 숟가락으로 논페럴을 뿌립니다.

꿀벌

 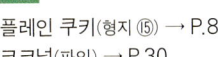   

재료

플레인 쿠키(형지 ⑮) → P.8
코코넛(파인) → P.30

아이싱

머리, 엉덩이 아웃라인(GY)/ 중간
머리, 엉덩이 베이스(GY)/ 묽게
몸통 베이스(WH)/ 묽게
날개 아웃라인(RB)/ 중간
날개 베이스(RB)/ 묽게
날개와 엉덩이 모양, 침(BR+RL+RE)/ 중간

1 머리, 엉덩이 모양에 아웃라인을 뺀 후 베이스를 칠합니다. 날개 모양에도 아웃라인을 뺀 후 베이스를 칠합니다.

2 1이 마르면 몸통 부분에 베이스를 짜고 마르기 전에 숟가락으로 코코넛을 뿌립니다. 남은 코코넛은 붓으로 털어냅니다.

3 날개에 모양을 그리고 엉덩이에 지그재그와 침을 그립니다. 지그재그는 첫 번째를 가늘게 그 아래 두 번째를 굵게 그립니다.

BASKET OF HYDRANGEA

수국 바구니

촉촉이 내리는 비의 계절,

정원에 핀 수국을 바구니에 넣어 보세요.

꽃잎은 잎과 같은 방법으로 짭니다.

꽃과 잎의 크기는 짤주머니를 자르는 방법에 따라 조절하세요.

June

수국 바구니

재료

플레인 쿠키(형지 ⑯) → P.8

아이싱

바구니 아웃라인(BR+RL+RE)/ 중간
바구니 베이스(BR+RL+RE)/ 묽게
바구니 모양(BR+RL+RE)/ 중간
보라 수국(VI)/ 단단하게
푸른 수국(VI+BR)/ 단단하게
보라 수국 점(VI)/ 중간
푸른 수국 점(VI+BR)/ 중간
잎(MG+RB)/ 단단하게

1️⃣ 바구니 모양에 아웃라인을 빼고 베이스를 칠합니다. 마르면 사진처럼 세로로 직선을 4개 그립니다.

2️⃣ 바구니 모양을 그립니다. 1의 직선 사이에 번갈아 곡선을 짜고 손잡이도 같은 모양으로 합니다.

3️⃣ 앞을 V자 모양으로 자른 짤주머니로 2가지 색의 수국 꽃을 그립니다. 잎(P.17)을 그리는 요령으로 꽃잎을 짜나갑니다. 꽃잎 4장이 하나의 꽃이 됩니다.

4️⃣ 꽃잎을 모두 짭니다. 그리고 잎을 짤 장소도 생각하면서 꽃과 꽃 사이에 간격이 너무 비지 않게 균형을 맞춰 짜는 것이 비결입니다.

5️⃣ 꽃 중심에 점을 짭니다.

6️⃣ 전체의 균형을 보면서 비어 있는 부분에 잎을 짭니다.

돌고래

WORLD IN THE SEA
바 닷 속 세 계

닻

바닷속을 들여다 보면
그곳에는 인어가 사는 세상이 있습니다.
설탕을 뿌린 성과
좋아하는 토핑으로 장식한 조개를 만들어 보세요.

불가사리

성

인어

조개

July

WORLD IN THE SEA 바닷속 세계

인어

아이싱
머리 아웃라인, 점(GY 약간)/ 중간
머리 베이스(GY 약간)/ 묽게
꼬리 아웃라인(KG)/ 중간
꼬리 베이스(KG)/ 묽게
조가비(OR)/ 중간
액세서리, 부속품 접착(WH)/ 중간

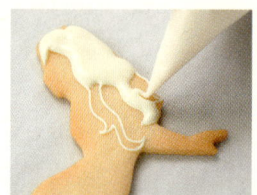  

1 머리 모양에 아웃라인을 빼고 베이스를 칠합니다.

2 꼬리 모양에 아웃라인을 빼고 베이스를 칠합니다. 표면이 조금 마르면 차 거름망으로 미립자 그래뉴당을 뿌립니다.

3 가슴에 물방울 모양을 짠 후 조가비를 칠합니다.

4 액세서리를 그립니다. 허리 부분에 점과 물방울, 손목과 꼬리에 점을 짭니다.

5 머리에 점을 짜고 그 위에 토핑 스타 팝 설탕을 올려 붙입니다.

성

재료
플레인 쿠키(형지 ⑱) → P.8
미립자 그래뉴당

아이싱
성 아웃라인(BR)/ 중간
성 베이스(BR)/ 묽게
옥상, 담 아웃라인(BR 많이)/ 중간
옥상, 담 베이스(BR 많이)/ 묽게
입구(BR 많이)/ 중간

1 옥상을 제외한 성 모양에 아웃라인을 빼고 베이스를 칠합니다. 표면이 조금 마르면 차 거름망으로 미립자 그래뉴당을 뿌립니다.

2 1이 마르면 붓으로 남은 그래뉴당을 털고, 옥상과 담 모양에 아웃라인을 뺀 후 베이스를 칠합니다. 담은 올록볼록하게, 뿔이 구부러질 때는 확실히 멈추면서 그리는 것이 중요합니다.

3 아치 모양의 입구를 그립니다.

조개

재료

플레인 쿠키(형지 ⑲) → P.8
모네(노란색, 보라색, 푸른색) → P.30

아이싱

아웃라인(GY 약간)/ 중간
베이스(GY 약간)/ 묽게
부속품 접착(GY 약간)/ 중간
점 모양(WH)/ 중간

1 조개 모양에 아웃라인을 빼고 베이스를 칠합니다. 마르면 조개 모양을 그립니다.

2 점을 짜고 그 위에 모네를 올려서 붙입니다.

3 2의 빈틈에 균형을 맞춰 점을 짭니다.

돌고래

재료

플레인 쿠키(형지 ⑳) → P.8

아이싱

아웃라인(RB)/ 중간
베이스(RB)/ 묽게
물보라 모양(WH)/ 중간

1 돌고래 모양에 아웃라인을 빼고 베이스를 칠합니다. 마르면 소용돌이 형태의 모양을 그립니다. 꼬리 쪽부터 그리기 시작하면 짜기 쉽습니다.

2 1의 모양에서 빼내듯이 물 방울을 그리고 물보라처럼 점을 짭니다.

닻

재료

플레인 쿠키(형지 ㉑) → P.8

아이싱

아웃라인(KG)/ 중간
베이스(KG)/ 묽게
점(WH)/ 중간

닻 모양에 아웃라인을 빼고 베이스를 칠합니다. 반대 방향의 S자가 되도록 점을 짭니다.

불가사리

재료

플레인 쿠키(형지 ㉒) → P.8
미립자 그래뉴당

아이싱

베이스(OR)/ 묽게
점(OR)/ 중간

1 베이스용 아이싱을 넣은 용기에 쿠키 표면을 담그고 표면이 조금 마르면 차거름망으로 미립자 그래뉴당을 뿌립니다.

2 1이 마르면 붓으로 남은 그래뉴당을 털고 방사 형태로 점을 짭니다.

SUMMER FASHION
여름 패션

비키니

선명한 색이 눈부신 여름 패션 아이템.

개성적인 무늬가 귀여운 원피스도 개방적인 비키니도

반짝반짝 빛나는 장식도 한층 더 매력 있습니다.

샌들에 하나씩 하나씩 술과 구슬을 정성 들여 짜 보세요.

August

원피스

샌들

비키니

재료

플레인 쿠키(형지 ㉓) → P.8
아라잔(골드 / 푸른색) → P.30
파스칼(흰색)

아이싱

아웃라인, 부속품 접착,
어깨끈(RE+OR)/ 중간
베이스(RE+OR)/ 묽게
점(RE+KG)/ 중간

1 어깨끈을 남기고 비키니 모양에 아웃라인을 빼고 베이스를 칠합니다. 사진처럼 마지막에 어깨끈을 그립니다.

2 1이 마르면 가슴 중앙과 허리 부분에 점을 짜고 그 위에 아라잔, 파스칼을 붙입니다.

3 점으로 모양을 그립니다.

원피스

재료

플레인 쿠키(형지 ㉔) → P.8
아라잔(골드 / 푸른색) → P.30
파스칼(흰색)

* 파스칼은 아라잔과 다른 토핑으로 대체 가능

아이싱

아웃라인, 부속품 접착(RE+OR)/ 중간
베이스(RE+OR)/ 묽게
노란색 모양(GY)/ 묽게
푸른색 모양(RB+KG)/ 묽게
밑단 모양(GY)/ 중간
점(GY)/ 중간

1 원피스 모양에 아웃라인을 빼고 베이스를 칠합니다. 마르기 전에 사진처럼 노란색으로 지그재그 모양을 그립니다.

2 1이 마르기 전에 푸른색 지그재그 모양을 그립니다.

3 2가 마르기 전에 끝에서부터 차례대로 이쑤시개로 선을 뺍니다. 화살표처럼 위아래로 번갈아 뺍니다. 한 번 끝날 때마다 이쑤시개를 닦습니다.

4 모양의 1단과 2단 사이에 점을 짜고 이쑤시개로 중심에서 위아래, 좌우로 뺍니다. 1~4까지를 아이싱이 마르기 전에 재빨리 끝냅니다.

5 4가 마르면 가슴 중앙에 점을 짜고 아라잔, 파스칼을 붙입니다. 그리고 가슴 부분에 점, 밑단에 모양을 그립니다.

샌들

재료

플레인 쿠키(형지 ⑳) → P.8
아라잔(골드) → P.30

아이싱

아웃라인, 부속품 접착,
신발 모양(RB+KG)/ 중간
베이스(RB+KG)/ 묽게
신발 밑, 힐(BR)/ 중간
술 장식(RE+OR)/ 중간

1 신발 밑과 힐을 제외한 신발 모양에 아
웃라인을 뺍니다.

2 1이 마르면 중간 부분과 신발 입구 부
분의 베이스를 짭니다.

3 2가 마르면 발끝과 발등 부분의 베이
스를 짭니다.

4 짤주머니 끝을 조금 굵게 잘라서 신발
밑과 힐을 그립니다. 힐은 사진처럼 지
그재그로 짭니다.

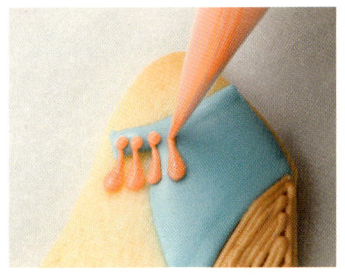

5 발끝에 점을 짜고 그 위에 아라잔을
올려붙입니다. 그리고 점과 발끝의 주
름을 그립니다.

6 신발 입구에 술 장식을 그립니다. 물방
울을 그리면서 마지막에 점을 짭니다.

September

줄무늬 책

분홍색 책

흰색 책

READING IN AUTUMN
가 을 의 독 서

어느새 독서에 빠지는 계절…….
책 내용은 행운의 이야기? 아니면 그림책?
이야기를 상상하면서 책 표지를 그려 보세요.

줄무늬 책

재료

플레인 쿠키(형지 ㉖) → P.8

아이싱

표지 아웃라인, 표지 선(KG)/ 중간
표지 베이스(KG)/ 묽게
보라색 선(VI)/ 묽게
페이지 아웃라인(WH)/ 중간
페이지 베이스/ 묽게
책 모양(RE약간+OR 약간)/ 중간

1 책 표지 모양에 아웃라인을 빼고 베이스를 칠합니다. 마르기 전에 보라색 선을 그립니다.

2 2가 마르면 페이지 모양에 아웃라인을 빼고 베이스를 칠합니다. 그리고 표지 테두리를 그리고 직선 모양을 위아래 2개씩 그립니다.

3 점과 물방울 모양을 그립니다. 물방울은 3개 그리고 마지막에 점을 짭니다.

흰색 책

재료

플레인 쿠키(형지 ㉗) → P.8

아이싱

표지 아웃라인, 표지 선(GY 약간)/ 중간
표지 베이스(GY 약간)/ 묽게
페이지 아웃라인(WH)/ 중간
페이지 베이스(WH)/ 묽게
책 모양(VI)/ 중간

1 책 표지 모양에 아웃라인을 빼고 베이스를 칠합니다. 마르면 페이지 모양에 아웃라인을 빼고 베이스를 칠합니다.

2 1이 마르면 표지 선, 책등 점, 표지 물방울과 점 모양을 그립니다. 물방울 3개를 그리고 마지막에 점을 짭니다.

3 표지의 소용돌이 모양을 그립니다. 양 끝을 빙그르르 돌려 멈추고 모양을 짭니다. 마지막으로 중앙에 꽃을 그립니다.

분홍색 책

재료

플레인 쿠키(형지 ㉖) → P.8

아이싱

표지 아웃라인,
표지 선(RE 약간+OR 약간)/ 중간
표지 베이스(RE 약간+OR 약간)/ 묽게
페이지 아웃라인(WH)/ 중간
페이지 베이스(WH)/ 묽게
책 모양(VI)/ 중간

1 책 표지 모양에 아웃라인을 빼고 베이스를 칠합니다. 마르면 페이지 모양에 아웃라인을 빼고 베이스를 칠합니다. 그리고 표지 선을 그립니다.

2 책등에 점, 표지에 물방울 모양을 그립니다. 물방울을 3개 그립니다.

3 2의 물방울 옆에 물방울을 표지 구석을 향하여 끌듯 2개씩 짠 후 마지막에 점을 짭니다.

51

달

박쥐

HAPPY HALLOWEEN

해피 핼러윈

하늘을 나는 박쥐에 거미줄 모양의 호박.
조금은 기분 나쁜 모티브도 핼러윈이라면 괜찮습니다.
코코아 쿠키에 글자를 적어
즐거운 핼러윈 파티를 시작해 보세요!

호박

52

October

십자가

고양이

박쥐

재료

코코아 쿠키(형지 ㉘) → P.8
아라잔(실버) → P.30
은박 설탕 → P.30
그래뉴당

아이싱

아웃라인, 부속품 접착(TP)/ 중간
베이스(TP)/ 묽게

1 박쥐 모양에 아웃라인을 빼고 베이스를 칠합니다.

2 1이 마르기 전에 숟가락으로 설탕(은박 설탕과 그래뉴당을 1:1로 섞은 것)을 뿌립니다.

3 2가 마르면 눈 부분에 점을 짜고 그 위에 아라잔을 올려붙입니다.

호박

재료

코코아 쿠키(형지 ㉗) → P.8

아이싱

아웃라인(WH)/ 중간
베이스(WH)/ 묽게
보라색 거미줄(VI)/ 중간
꼭지, 검은색 거미줄, 거미(TP)/ 중간

1 꼭지를 뺀 호박 모양에 아웃라인을 빼고 베이스를 칠합니다. 마르면 보라색 직선을 4개 그립니다.

2 1의 직선에 곡선을 짜서 보라색 거미집을 그립니다. 검은색 거미집도 같은 모양으로 그립니다.

3 꼭지와 거미를 그립니다.

고양이

재료

코코아 쿠키(형지 ㉚) → P.8

아이싱

아웃라인(TP)/ 중간
베이스(TP)/ 묽게
목걸이(LG+LY)/ 중간
문자(VI)/ 중간

1 고양이 모양에 아웃라인을 빼고 베이스를 칠합니다. 마르면 점으로 목걸이를 그립니다.

2 'HAPPY HALLOWEEN' 문자를 그릴 때 문자의 위아래 폭을 다듬어 예쁘게 그리는 것이 비결입니다.

달

재료

코코아 쿠키(형지 ③⓪) → P.8

아이싱

아웃라인(LG+LY)/ 중간
베이스(LG+LY)/ 묽게
모양(TP)/ 묽게
눈(TP)/ 중간

① 달 모양에 아웃라인을 빼고 베이스를 칠합니다. 마르기 전에 점을 그립니다.

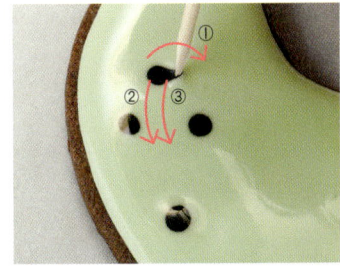

② 사진의 ①~③번 순서로 점에서 이쑤시개로 선을 뺍니다. 한 번 뺄 때마다 이쑤시개 끝을 닦습니다. ②~③번 선은 끝이 겹치지 않도록 점점 가늘게 그립니다.

③ 한 개의 점에 대해서 3회 선을 빼면 사진처럼 완성됩니다. 1~3을 반복해서 균형을 보면서 점을 8~10개 정도 그립니다.

④ 3이 마르면 눈을 그립니다.

십자가

재료

코코아 쿠키(형지 ③②) → P.8
블랙 설탕 → P.30

아이싱

십자가 아웃라인(VI)/ 중간
십자가 베이스(VI)/ 묽게
중심부분 베이스(TP)/ 묽게
보양(LG+LY)/ 중간

① 십자가 모양에 아웃라인을 빼고 베이스를 칠합니다. 마르면 중심 부분에 둥근 베이스를 짜고 마르기 전에 검은 설탕을 뿌립니다.

② 사진처럼 소용돌이 모양을 그립니다. 그리고 난 후 선이 겹치지 않게 하세요.

③ 중앙의 원을 따라서 점을 짭니다.

55

AUTUMN LEAVES IN FOREST

숲의 단풍

다람쥐

도토리

버섯

November

단풍잎

단풍잎이 아름답게 물 들 때 숲은 결실의 가을.
곱게 물든 낙엽을 줍다가
도토리를 찾으러 나온 다람쥐를 발견!
붉게 물든 잎의 색은 점점 빛바래져 갑니다.

AUTUMN LEAVES IN FOREST 숲의 단풍

다람쥐

재료
플레인 쿠키(형지 ㉝) → P.8
논페럴(검은색) → P.30

아이싱
아웃라인, 부속품 접착(BR+RE)/ 중간
베이스(BR+RE)/ 묽게
꼬리와 등 모양(BR+GY)/ 묽게
머리와 배 모양(WH)/ 묽게

1 다람쥐 모양에 아웃라인을 빼고 베이스를 칠합니다. 마르기 전에 꼬리와 등에 점을 그립니다.

2 1이 마르기 전에 점의 중심을 이쑤시개로 뺍니다. 한 번 뺄 때마다 이쑤시개 끝을 닦습니다.

3 2가 마르기 전에 머리와 배 모양을 그립니다.

4 3이 마르면 눈과 코 부분에 점을 짜고 그 위에 논페럴을 올려붙입니다.

도토리

재료
플레인 쿠키(형지 ㉞) → P.8
초콜릿 크런치

아이싱
밤색 도토리
아웃라인(BR+RE)/ 중간
베이스(BR+RE)/ 묽게
베이지색 도토리
아웃라인(BR 약간+GY)/ 중간
베이스(BR 약간+GY)/ 묽게

1 도토리 열매 모양에 아웃라인을 빼고 베이스를 칠합니다.

2 1이 마르면 모자 모양에 아웃라인을 빼고 베이스를 칠합니다. 마르기 전에 숟가락으로 초콜릿 크런치를 뿌립니다.

단풍잎

재료

플레인 쿠키(형지 ㉟) → P.8

아이싱

2가지 색 단풍잎
베이스 1(RE+BL 약간)/ 묽게
베이스 2(GY+BR)/ 묽게
잎맥(BR+RE)/ 중간
4가지 색 단풍잎
베이스 1(RE+BL 약간)/ 묽게
베이스 2(GY+BR)/ 묽게
베이스 3(OR+BR)/ 묽게
베이스 4(MG+BR)/ 묽게
잎맥(BR+RE)/ 중간

1 붓으로 베이스 1을 칠합니다.

2 붓으로 베이스 2~4를 칠합니다. 경계
는 조금씩 색이 섞이는 정도로 빈틈없
이 베이스를 칠합니다.

3 2가 마르면 잎맥의 모양에 직선을 3개
그립니다.

4 그리고 선을 뻗어서 잎맥을 그립니다.

버섯

재료

플레인 쿠키(형지 ㊱) → P.8

아이싱

우산 아웃라인(RE+BL 약간)/ 중간
버섯 베이스(RE+BL 약간)/ 묽게
점(WH)/ 묽게
심대 아웃라인(WH)/ 중간
심대 베이스(WH)/ 묽게
심대 모양(BR+RE)/ 중간

1 버섯의 우산 모양에 아웃
라인을 빼고 베이스를 칠
합니다. 마르기 전에 점을
그립니다.

2 1이 마르면 심대의 아웃라
인을 빼고 베이스를 칠합
니다.

3 2가 마르면 심대에 가는 지
그재그 선을 그립니다.

PREPARING FOR CHRISTMAS
크 리 스 마 스 준 비

거리도 사람도 붐비는 계절,
집에서는 파티 준비와 장식으로 바쁩니다.
모양을 낸 오너먼트를 방에 장식하며
크리스마스가 빨리 오기를 기대합니다.
투명 비닐에 담아서
트리에 달아도 귀여운 쿠키입니다.

오너먼트 (블루)

종

캔디 지팡이

달라헤스트

오너먼트(그린)

December

종

재료

플레인 쿠키(형지 ㊲) → P.8
아라잔(크고 작은 것, 실버) → P.30

아이싱

아웃라인(BL 약간)/ 중간
베이스(BL 약간)/ 묽게, 점(WH)/ 묽게
부속품 접착(WH)/ 중간

설탕 반죽

결정(WH)

1 결정 모양으로 찍어낸 설탕 반죽을 말립니다.

2 종 모양에 아웃라인을 빼고 베이스를 칠합니다. 마르기 전에 점을 그립니다. 1의 설탕 반죽을 올립니다.

3 종 결정 중심에 점을 짜고 위에 아라잔을 올려붙입니다.

캔디 지팡이

재료

플레인 쿠키(형지 ㊳) → P.8
은박 설탕 → P.30
스노우 플레이크 → P.30

아이싱

베이스(WH)/ 묽게
들쭉날쭉한 선(BL 약간)/ 중간
직선, 점, 부속품 접착(WH)/ 중간

1 표면에 베이스를 칠합니다. 쿠키 바깥면에 아이싱이 묻으면 팔레트 나이프로 제거합니다.

2 1이 마르면 사진처럼 가는 지그재그 선을 그리고 위에 은박 설탕을 뿌립니다.

3 2가 마르면 붓으로 남은 은박 설탕을 털어냅니다. 2의 선 사이에 직선을 그리고 점을 짠 후 위에 스노우 플레이크를 붙입니다. 마지막에 직선을 따라 점을 짭니다.

오너먼트(블루)

재료

플레인 쿠키(형지 ㊴) → P.8
아라잔(실버) → P.30
리본(흰색)

아이싱

아웃라인(RB+VI)/ 중간
베이스(RB+VI)/ 묽게
문자, 모양, 부속품 접착(WH)/ 중간

1 오너먼트 모양에 아웃라인을 빼고 베이스를 칠합니다. 마르면 꽃을 그리고 중심에 아라잔을 붙입니다. 좌우에 선과 물방울 모양을 그립니다.

2 중심에 'Noel'이라는 문자를 그리고 'e' 위에 점을 2개 짭니다.

3 쿠키 아랫부분에 물방울과 점 모양을 짭니다. 마지막에 윗부분에 점을 짜고 리본을 붙입니다.

달라헤스트

재료

플레인 쿠키(형지 ⑩) → P.8

아이싱

아웃라인(WH)/ 중간
베이스(WH)/ 묽게
모양(WH)/ 중간

설탕 반죽

꽃(WH)

1 말 모양에 아웃라인을 빼고 베이스를 칠합니다. 설탕 반죽을 꽃 모양으로 3개 찍습니다.

2 1이 마르면 설탕 반죽의 꽃잎이 번갈아 겹치도록 뒤쪽에 알코올을 발라 쿠키에 붙입니다.

3 쿠키 모양을 따라서 남은 반죽을 가위로 자릅니다.

4 꽃 반죽의 약 2mm 바깥쪽을 테두리를 두르듯이 곡선을 그립니다.

5 재갈과 안장, 눈을 뺍니다.

6 반죽 꽃 중심에 점을 짭니다.

오너먼트(그린)

재료

플레인 쿠키(형지 ⑩) → P.8
아라잔(실버) → P.30
리본(흰색)

아이싱

아웃라인(MG 약간+RB 약간)/ 중간
베이스(MG 약간+RB 약간)/ 묽게
모양, 무속품 적찹(WH)/ 중간

1 오너먼트 모양에 아웃라인을 빼고 베이스를 칠합니다. 마르면 위쪽과 아래쪽으로 커브를 위아래 2개씩 그리고, 번갈아 섬을 짭니다.

2 방향이 다른 커브 사이에 꽃을 그리고 중심에 아라잔을 붙입니다. 그리고 좌우에 물방울을 짭니다.

3 마지막으로 쿠키 윗부분에 점을 짜고 리본을 붙입니다.

HAPPY NEW YEAR

즐거운 새해

흰색 기모노

보라색 공

녹색 공

공놀이는 옛날에는 여자아이의 설날 놀이였다고 합니다.
기모노 색에 맞춰서 띠 장식, 무늬까지 꾸며서
진짜 기모노같은 멋을 즐길 수 있는 쿠키입니다.

January

빨간색 기모노

흰색 공

흰색 기모노

재료

플레인 쿠키(형지 ㊷) → P.8
은박 설탕 → P.30
코코넛(파인) → P.30

아이싱

기모노 아웃라인(GY 약간)/ 중간
기모노 베이스(GY 약간)/ 묽게
띠 아웃라인(VI)/ 중간
띠 베이스(VI)/ 묽게
끈, 잎 모양(KG)/ 중간
마무리 끈, 꽃 모양(RE+BL 약간)/ 중간
띠 장식, 기모노 선(GY 약간)/ 중간

1 기모노 모양에 아웃라인을 빼고 베이스를 칠합니다. 마르면 띠 아웃라인을 빼고 베이스를 칠합니다.

2 1이 마르면 띠 위에 지그재그 선으로 끈을 그리고 마르기 전에 위에 은박 설탕을 뿌립니다.

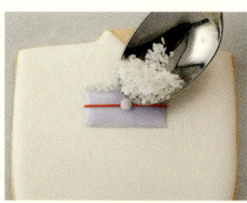

3 남은 설탕을 붓으로 털어 내고 띠 한가운데에 마무리 끈을 직선으로 그립니다. 마르면 중심에 띠 장식을 그립니다. 마르기 전에 코코넛을 뿌립니다.

4 기모노 선을 뺍니다. 양 끝의 선이 서로 어긋나지 않도록 주의하세요.

5 기모노 꽃 모양을 그립니다. 안쪽의 꽃잎부터 그리기 시작합니다.

6 기모노의 잎 모양을 그립니다. 균형을 생각하면서 그리세요.

보라색 공

재료

플레인 쿠키(형지 ⑥) -)P.8

아이싱

아웃라인(VI)/ 중간
베이스(VI)/ 묽게
파도 모양(KG)/ 중간

공 모양에 아웃라인을 빼고 베이스를 칠합니다. 마르면 파도 모양을 그립니다. 중앙 아래 원부터 시작합니다.

녹색 공

재료

플레인 쿠키(형지 ⑥) -)P.8

아이싱

아웃라인(KG)/ 중간
베이스(VI)/ 묽게
칠보 모양(RE+BL 약간)/ 중간

공 모양에 아웃라인을 빼고 베이스를 칠합니다. 마르면 칠보 모양을 그립니다. 옅은 곡선을 균일하게 짧니다.

빨간색 기모노

재료

플레인 쿠키(형지 ㉒) →P.8
코코넛(파인) → P.30
은박 설탕 → P.30

아이싱

기모노 아웃라인(RE+BL 약간)/ 중간
기모노 베이스(RE+BL 약간)/ 묽게
띠 아웃라인, 끈(WH)/ 중간
띠 베이스(WH)/ 묽게
마무리 끈(KG)/ 중간
띠 장식, 기모노 꽃 모양(VI)/ 중간
기모노 네모 모양(WH)/ 묽게
기모노 점 모양(WH)/ 중간

1 기모노 모양에 아웃라인을 빼고 베이스를 칠합니다. 마르기 전에 네모 모양을 그립니다.

2 1이 마르면 띠 아웃라인을 빼고 베이스를 칠합니다.

3 띠 베이스가 마르면 띠 위에 지그재그 선으로 끈을 그리고 마르기 전에 위에 코코넛을 뿌립니다.

4 남은 코코넛을 붓으로 털어 내고 띠에 마무리 끈을 직선으로 그립니다. 마르면 그 중심에 띠 장식을 짭니다. 마르기 전에 은박 설탕을 뿌립니다.

5 기모노 선을 뺍니다. 양쪽이 서로 어긋나지 않도록 주의하세요.

6 기모노 꽃 모양과 점을 짭니다.

흰색 공

재료

플레인 쿠키(형지 ⑥) →P.8

아이싱

아웃라인(GY 약간)/ 중간
베이스(GY 약간)/ 묽게
빨간색 선, 모양(RE+BL 약간)/ 중간
녹색 선(KG)/ 중간
보라색 선(VI)/ 중간

1 공 모양에 아웃라인을 빼고 베이스를 칠합니다. 마르면 사진처럼 빨간색 선을 뺍니다.

2 1의 빨간색 선 사이와 바깥에 각각 녹색 선과 보라색 곡선을 뺍니다.

3 마지막으로 물방울과 점 모양을 위아래에 그립니다.

SNOWFLAKE

눈의 결정

February

결정 2

결정 4

결정 3

결정 1

결정 5

하늘에서 떨어지는 환상적인 눈의 결정은 모양도 크기도 제각각입니다.

눈의 결정을 본 딴 다양한 쿠키를 만들 수 있습니다.

익숙해지면 변형해서 나만의 쿠키를 만들어 보세요.

결정 1

재료

플레인 쿠키(형지 ㊸) → P.8
논페럴(흰색) → P.30

아이싱

결정 모양,
부속품 접착(WH)/ 중간

1 쿠키의 뿔에 각각 다이아몬드 모양을 그리고 대각으로 직선을 연결합니다. 직선 사이에도 다이아몬드를 그립니다.

2 중심에 큰 점을 짜고 마르기 전에 논페럴을 뿌립니다. 바깥쪽의 다이아몬드 안과 바깥쪽, 양쪽의 다이아몬드 사이에 직선을 따라 물방울을 짭니다.

결정 2

재료

플레인 쿠키(형지 ㊹) → P.8
논페럴(흰색) → P.30

아이싱

결정 모양,
부속품 접착(WH)/ 중간

1 쿠키의 뿔 모양에 맞춰서 물방울을 짜고 거기부터 중심까지 직선을 뺍니다. 직선을 따라 물방울을 그립니다.

2 하나의 뿔부터 중심까지를 짠 후 마르기 전에 은박 설탕을 뿌립니다. 1~2를 5회 반복합니다.

결정 3

재료

플레인 쿠키(형지 ㊺) → P.8
은박 설탕 → P.30
논페럴(흰색) → P.30

아이싱

베이스(WH)/ 묽게
결정 모양,
부속품 접착(WH)/ 중간

1 베이스용 아이싱이 든 용기에 쿠키 표면을 담근 후 마르기 전에 은박 설탕을 뿌립니다.

2 쿠키 뿔에 각각 물방울을 3개 짜고 대각으로 직선을 연결합니다.

3 직선 사이에 사진처럼 크고 작은 원을 그립니다. 중심에 점을 짜고 그 위에 아라잔을 올려붙입니다.

결정 4

재료 플레인 쿠키(형지 ㊻) → P.8

아이싱 결정 모양(WH)/ 중간

설탕 반죽 결정(WH)

쿠키 뿔에 각각 물방울과 점으로 꽃을 그리고 결정 모양으로 찍은 설탕 반죽 뒤쪽에 알코올을 발라 중심에 붙입니다.

결정 5

재료 플레인 쿠키(형지 ㊻) → P.8
코코넛(파인) → P.30

아이싱 베이스(WH)/ 묽게

베이스용 아이싱이 든 용기에 쿠키 표면을 담그고 모양을 정돈하고 마르기 전에 코코넛을 뿌립니다.

SWEETS ACCESSORIES

과자 액세서리

나비 펜던트 탑

팔랑팔랑 날아다니는 것 같은 나비 펜던트 톱.
반지도 상자도 먹을 수 있는 반지 상자&반지.
전부 과자로 만들 수 있다니 마치 꿈같아요!

March

반지(꽃)

반지 상자

반지(진주)

반지 상자

재료

플레인 쿠키(형지⑰) → P.8
아라잔(실버) → P.30
설탕 과자 진주(아이보리) → P.30

아이싱

부속품 접착, 점(WH)/ 중간

설탕 반죽

꽃(WH)
퀼팅 모양 누르개(RE+OR)*
* 퀼팅 모양 누르개의 설탕 반죽으로
  롤 퐁당을 사용했습니다(P.74).

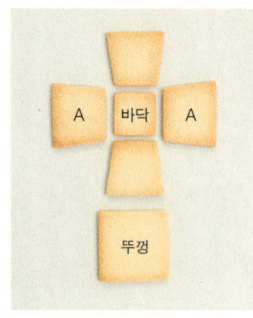

1 상자를 만들기 위한 쿠키를 굽습니다.

2 바닥 쿠키에 아이싱을 짠 쿠키를 붙입니다.

3 사진처럼 마지막에 폭이 넓은 A 쿠키를 붙입니다.

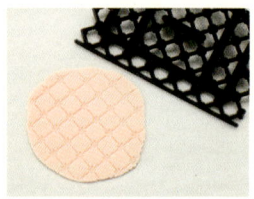

4 채색한 설탕 반죽을 2~3mm 두께로 늘려 퀼팅 모양 누르개로 누릅니다.

5 4의 반죽을 1의 A 쿠키와 같은 모양으로 4개, 뚜껑 쿠키와 같은 모양으로 1개 만듭니다.

6 5의 안쪽에 알코올을 발라 상자 측면과 뚜껑 쿠키에 붙입니다.

7 상자를 엎어 6에서 붙인 측면의 설탕 반죽 사이에 점을 짭니다.

8 뚜껑 아래에 짜기 쉬운 높이가 되게 놓고 뚜껑 측면에 점을 짭니다.

9 설탕 반죽 꽃에 설탕 과자 진주와 아라잔을 붙이고, 뚜껑 중심에 점을 짜서 붙입니다.

나비 펜던트 톱

재료

플레인 쿠키(형지 ㊽) → P.8
모네(노란색) → P.30

아이싱

아웃라인(GY)/ 중간
베이스(GY)/ 묽게
날개 모양, 부속품 접착, 머리,
몸(WH)/ 중간

설탕 반죽

꽃(WH)

1 쿠키 반죽에 먼저 빨대로 구멍을 만들고 굽습니다.

2 날개 모양에 아웃라인을 빼고 베이스를 칠합니다. 마르면 소용돌이 모양을 그립니다.

3 2에서 준비한 모양에 물방울과 점을 짭니다.

* 취향대로 쿠키 구멍에 리본이나 끈을 달면 펜던트가 됩니다.

4 점을 짜서 설탕 반죽 꽃에 모네를 붙이고 그것을 쿠키에 붙입니다. 꽃 옆에도 모네를 붙입니다.

5 쿠키 중심의 머리와 몸에 점을 짭니다.

반지(꽃)

재료

플레인 쿠키(형지 ㊾) → P.8
아라잔(실버) → P.30

아이싱

부속품 접착(WH)/ 중간

설탕 반죽

꽃(WH)

반지 모양 쿠키에 점을 짜고 설탕 반죽 꽃에 아라잔을 붙인 것을 답니다.

반지(진주)

재료

플레인 쿠키(형지 ㊾) → P.8
아라잔(크고 작은 거, 실버) → P.30
설탕 과자 진주(아이보리) → P.30

아이싱

부속품 접착(WH)/ 중간

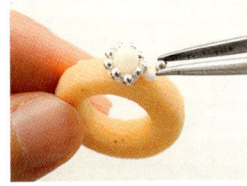

반지 모양 쿠키에 점을 짜고 설탕 과자 진주와 아라잔을 붙입니다.

반지 상자에 반지를 넣으면 이렇게 멋져요!

* 상자 바닥에 낀 것은 시판 마시멜로입니다.

73

설탕 반죽으로 부속품을 만들자

쿠키 장식에 사용할 수 있는 설탕 반죽.
설탕 반죽을 사용하면 디자인의 폭이 한층 더 넓어집니다.

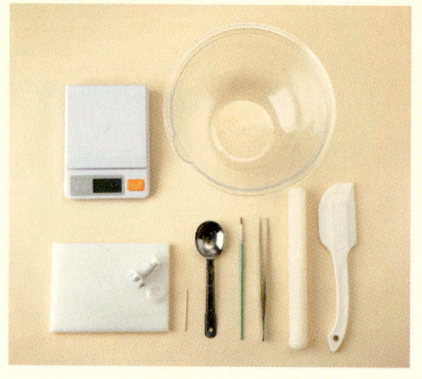

설탕 반죽을 만드는 도구
저울, 볼, 계량숟가락, 고무 주걱

부속품을 만드는 도구
평평한 받침(도마 등), 누르개 모양, 이쑤시개, 붓, 핀셋, 면봉

＊그 밖에도 만들고 싶은 부속품에 따라서 필요한 도구는 바뀝니다.

그대로 사용할 수 있는 설탕 반죽
Wilton사의 롤 폰당

얇게 펴서 모양을 찍고, 눌러서 사용할 수 있는 점토 같은 제과재료입니다. 식용 색소로 채색도 가능합니다. 꽃 같은 입체적인 부속품을 만들 때는 아래의 설탕 반죽 파우더로 만든 설탕 반죽과 롤 폰당을 1:1로 섞어 사용하는 것을 추천합니다. 빠른 건조를 막아주고 맛이 순해집니다.

❋ 설탕 반죽 만드는 방법

재료 설탕 반죽 파우더(150g), 물(큰 숟가락 1)

1 볼에 넣은 설탕 반죽 파우더에 물을 넣습니다.

2 고무 주걱을 사용해서 잘 섞습니다.

3 가루가 없어지면 손으로 반죽합니다.

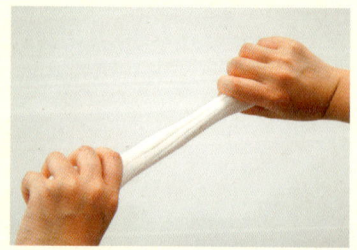

4 반죽을 양손으로 잡고 사진처럼 좌우로 잘 늘어나면 완성입니다.

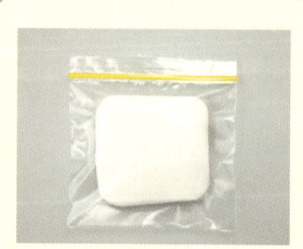

설탕 반죽을 보관할 때는

남은 설탕 반죽을 보관할 때는 랩으로 싸서 밀봉할 수 있는 비닐봉지에 담아 냉장고에 넣습니다. 이 상태로 약 1개월 동안 보관할 수 있습니다.

✳ 설탕 반죽 채색 재료 식용 색소(적당량), 흰색 설탕 반죽(사용하고 싶은 분량)

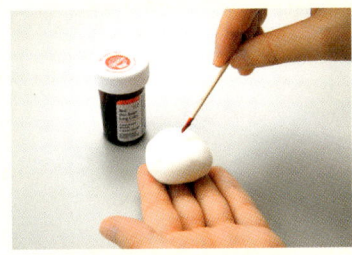

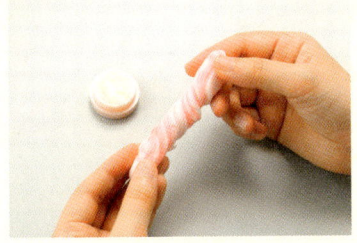

1 좋아하는 색의 식용 색소를 이쑤시개 끝에 묻혀 설탕 반죽에 묻힙니다.

2 비틀 듯이 연마합니다. 이때 소량의 쇼트닝을 넣어 연마하면 건조를 방지할 수 있습니다.

3 구석구석까지 색이 물들면 완성입니다.

✳ 부속품 만드는 방법

결정 재료 쇼트닝, 설탕 반죽(WH), 알코올(보드카 등)

1 설탕 반죽을 평평한 받침대 위에서 1mm 정도 두께로 밀어서 늘립니다. 받침대에 쇼트닝을 바르면 잘 늘어납니다.

2 결정 모양을 사용해서 모양을 찍습니다. 모양을 받침대에 힘주어 문질러 빼내면 좋습니다.

3 설탕 반죽 뒤에 붓으로 알코올(보드카 등)을 발라서 아이싱과 쿠키에 붙입니다.

꽃 재료 쇼트닝, 설탕 반죽(RE), 모네(노란색)

1 분홍색으로 채색한 설탕 반죽을 평평한 받침대 위에서 1mm 정도 두께로 늘리고 꽃 모양을 사용해서 찍습니다.

2 붓의 뒤와 젓가락 등을 사용해서 꽃 중심 부분을 오므려서 입체적으로 만듭니다.

3 설탕 반죽이 마르면 중심에 아이싱으로 점을 짜고 핀셋으로 모네(P.30)를 붙입니다. 꽃 등 입체적인 부속품은 아이싱으로 쿠키에 붙입니다.

일러스트를 따라 한 아이싱

가는 디자인을 쿠키에 짜는 것은 매우 어렵습니다.
일러스트를 덧그릴 때 간단하게 그릴 수 있는 방법을 소개합니다.

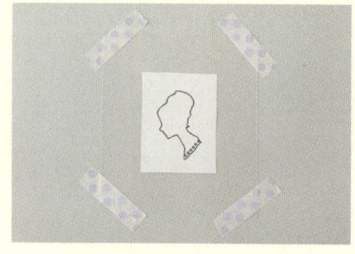

1 좋아하는 일러스트를 복사해서 위에 클리어 파일 자른 것을 올려 움직이지 않도록 테이프로 고정합니다.

2 일러스트의 바깥쪽 선을 덧그려 아웃라인을 그립니다.

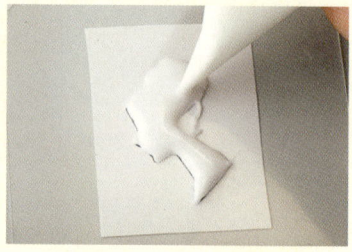

3 2가 마르면 베이스를 칠합니다.

1 3이 마르면 점 모양을 그립니다.

2 아이싱이 완전히 마르면 칼로 조심스럽게 떼어냅니다.

3 5의 뒤에 아이싱을 짜서 쿠키에 붙입니다.

카메오 완성!

＊ 카메오 일러스트

복잡한 모양의 아웃라인도 이 방법을 사용하면 간단하게 짤 수 있습니다. 과일과 동물 등 일러스트 실루엣을 베껴서 오리지널 부속품으로 사용해 보는 것은 어떨까요?

Chapter

3

소중한 사람에게 주는
특별한 날의 아이싱 쿠키

생일과 결혼 등 특별한 날을 떠올려 만든 디자인입니다.
소중한 사람의 기념일에
감사의 말과 축하 메시지를 담아서 선물하세요.

BABY SHOWER

출 산 축 하

흔들 목마

부드러운 색 조합으로 정리한 아기용품 쿠키입니다.
'행복하게 지낼 수 있도록'이라는 마음을 담아 선물을 만들어
갓 태어난 아기를 환영해 주세요.

베이비 드레스   손거울

흔들 목마

재료

플레인 쿠키(형지 ⑤⓪) → P.8

아이싱

말 아웃라인(RO+BR)/ 중간
말 베이스(RO+BR)/ 묽게
안장 아웃라인(WH)/ 중간
안장 베이스(WH)/ 묽게
나무 테두리 아웃라인(BR)/ 중간
나무 테두리 베이스(BR)/ 묽게
눈, 재갈, 갈기, 꼬리(BR)/ 중간
레이스 모양, 끈, 안장 장식, 다리 모양,
다리와 나무 테두리 틈(WH)/ 중간

1 안장 부분을 남기고 말 모양에 아웃라인을 빼고 베이스를 칠합니다. 마르면 안장과 나무 테두리의 아웃라인, 베이스를 짭니다.

* 말의 다리와 나무 테두리 사이는 조금 틈을 남깁니다.

2 눈과 재갈 선을 그립니다. 갈기와 꼬리를 물방울로 짭니다.

3 다리와 나무 테두리 틈에 선을 빼고 안장에 레이스 모양을 그립니다.

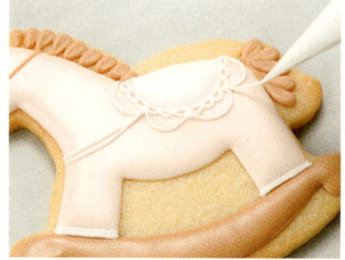

4 3보다 큰 곡선을 그리고 안장을 그립니다.

5 안장 장식을 그립니다.

6 나무 테두리에 소용돌이 모양을 그립니다. 나무 테두리 전체를 4등분 한 간격에 S자를 짭니다.

베이비 드레스

재료
플레인 쿠키(형지 ⑤) → P.8

아이싱
소매와 치마 아웃라인(RO+BR)/ 중간
소매와 치마 베이스(RO+BR)/ 묽게
목 언저리 아웃라인(WH)/ 중간
목 언저리 베이스(WH)/ 묽게
레이스 모양(WH)/ 중간

1 소매와 치마 모양에 아웃라인을 빼고 베이스를 칠합니다. 마르면 목 언저리의 아웃라인과 베이스를 짭니다.

2 1이 마르면 소매, 옷단, 목둘레에 가는 레이스 모양을 그립니다.

3 목 언저리 흰 베이스 아웃라인을 덧그리듯이 선을 빼서 바깥쪽에 가는 레이스 모양을 그립니다.

4 목 언저리 베이스 안쪽에 레이스 모양을 그립니다. 중심 모양부터 그리기 시작해서 바깥쪽 모양을 그려갑니다.

손거울

재료
플레인 쿠키(형지 ⑤) → P.8

아이싱
손거울 아웃라인(RO+BR)/ 중간
손거울 베이스(RO+BR)/ 묽게
리본 아웃라인, 선(BR)/ 중간
리본 베이스(BR)/ 묽게
레이스, 꽃 모양(WH)/ 중간

1 손거울 모양에 아웃라인을 빼고 베이스를 칠합니다. 마르면 리본의 아웃라인과 베이스를 칠합니다.

2 1이 마르면 리본의 선을 그립니다.

3 넉넉하게 곡선을 2개 빼서 가는 레이스와 꽃 모양을 그립니다.

ST. VALENTINE' DAY
밸런타인데이

장미 하트

고양이와 하트

퀼팅 무늬 하트

밸런타인데이는 소중한 사람에게 마음을 전하는 날입니다.

보통 감사의 마음을 담아서 장식한 하트 쿠키와

하트를 가진 귀여운 고양이에 당신의 마음을 부탁하는 건 어떨까요?

퀼팅 무늬 하트

재료

플레인 쿠키(형지 ②) → P.8
아라잔(실버) → P.30

아이싱

아웃라인, 격자무늬 선(RE)/ 중간
베이스(RE)/ 묽게

1 하트 모양에 아웃라인을 뺍니다. 격자무늬로 선을 뺍니다.

2 사진처럼 1개씩 건너뛰어 베이스를 짭니다.

3 2가 조금 마르면 남은 베이스를 짜고 마르기 전에 선이 교차하는 곳에 아라잔을 올립니다.

고양이와 하트

재료

플레인 쿠키(형지 ㊸) → P.8
코코넛(파인) → P.30
하트 → P.30
논페럴(흰색/검은색/노란색) → P.30

아이싱

흰 고양이 아웃라인(WH)/ 중간
흰 고양이 베이스(WH)/ 묽게
검은 고양이 아웃라인(TP)/ 중간
검은 고양이 베이스(TP)/ 묽게
하트 아웃라인(RE 약간+OR 약간)/ 중간
하트 베이스(RE 약간+OR 약간)/ 묽게
부속품 접착(WH)/ 중간

1 흰 고양이 아웃라인을 빼고 베이스를 칠합니다. 마르기 전에 코코넛을 뿌린 후, 검은 고양이 아웃라인을 빼고 베이스를 칠합니다.

2 1이 마르면 검은 고양이 목, 흰 고양이 머리에 각각 점을 짜서 하트를 넥타이, 꽃장식처럼 붙입니다.

3 눈, 꽃장식 중심에 논페럴을 붙입니다. 두 마리 사이에 듬뿍 아이싱을 올려 하트 쿠키(아웃라인, 베이스를 짜서 말린 것)를 붙입니다.

장미 하트

재료

플레인 쿠키(형지 ②) → P.8

아이싱

아웃라인(RE 약간+OR 약간)/ 중간
베이스(RE 약간+OR 약간)/ 묽게
장미꽃(RF)/ 단단하게
잎(MG+RB)/ 단단하게
레이스 모양(WH)/ 중간

1 하트 모양에 아웃라인을 빼고 베이스를 칠합니다. 마르면 레이스 모양을 교차해서 그립니다.

2 모양이 교차한 지점에 깍지(P.18)를 사용해서 중심부터 소용돌이를 그리듯이 장미꽃을 짭니다.

3 장미꽃 사이에 잎을 짭니다.

BIRTHDAY

생 일

왕관

매니큐어 병

사랑스런 향수 병과 브로치 등의 아이템을 모아서
귀엽게 포장하여 생일에 선물해 보세요.
취향에 맞춰 어두운 색을 고르면
남성용으로 시크하게 완성할 수 있습니다.

브로치 2

브로치 1

향수 병

향수 병

재료

플레인 쿠키(형지 54) → P.8
논페럴(노란색) → P.30

아이싱

병 아웃라인(KG+RB)/ 중간
병 베이스(KG+RB)/ 묽게
뚜껑 아웃라인, 선(VI+RO)/ 중간
뚜껑 베이스(VI+RO)/ 묽게
병 모양, 부속품 접착(WH)/ 중간

설탕 반죽

직사각형, 꽃(WH)

1 병, 뚜껑 모양에 아웃라인을 빼고 베이스를 칠합니다. 마르면 뚜껑 선을 두르고 한가운데에 선을 뺍니다.

2 1의 선 상단에 삼각형 3개를 그리고 하단에 삼각형 뿔에서 직선을 뺍니다.

3 병에 직사각형으로 자른 반죽을 알코올로 붙이고 위아래에 물방울과 점 모양을 짭니다.

4 그리고 좌우 모양과 점을 짭니다.

5 설탕 반죽으로 만든 꽃 중심에 점을 짜고 논페럴을 뿌립니다.

6 5의 꽃을 3개 만들어 점을 짜서 쿠키에 붙입니다.

왕관

재료

플레인 쿠키(형지 55) → P.8
논페럴(흰색) → P.30

아이싱

아웃라인(WH)/ 중간
베이스(WH)/ 묽게
모양, 부속품 접착(WH)/ 중간

설탕 반죽

꽃(WH)

1 왕관 모양에 아웃라인을 뺍니다.

2 베이스를 칠하고 마르면 모양을 그립니다.

3 설탕 반죽으로 만든 꽃 중심에 점을 짜고 논페럴을 뿌린 것을 쿠키에 붙입니다.

매니큐어 병

재료

플레인 쿠키(형지 (56)) → P.8
리본(분홍색)

아이싱

병 아웃라인(RE)/ 중간
병 베이스(RE))/ 묽게
뚜껑 아웃라인, 선(VI+RO)/ 중간
뚜껑 베이스(VI+RO)/ 묽게
병 모양, 부속품 접착(WH)/ 중간

1 병, 뚜껑 모양에 아웃라인을 빼고 베이스를 칠합니다. 마르면 뚜껑 선을 뺍니다.

2 병에 물방울과 점 모양을 짭니다.

3 남은 모양을 그리고 마지막에 점을 짜서 리본을 쿠키에 붙입니다.

브로치 1

재료

플레인 쿠키(형지 (57)) → P.8
크리스털 설탕 → P.30

아이싱

아웃라인(RE)/ 중간
베이스(RE)/ 묽게
모양(WH)/ 중간

1 정사각형 모양으로 아웃라인을 빼고 베이스를 칠합니다. 마르기 전에 크리스털 설탕을 뿌립니다.

2 물방울 모양을 그립니다.

3 정사각형을 따라 점 모양을 그리고 2의 모양 위에도 점을 짭니다.

브로치 2

재료

플레인 쿠키(형지 (58)) → P.8

아이싱

아웃라인(RE 약간+ OR 약간)/ 중간
베이스(RE 약간+ OR 약간)/ 묽게
모양(WH)/ 중간

1 타원형 모양으로 아웃라인을 빼고 베이스를 칠합니다. 마르면 타원형을 따라 점 모양을 그립니다.

2 쿠키 곡선을 따라 모양을 짜나갑니다. 쿠키 곡선 1회 반 길이로 S자에 끝을 빙글 돌린 선을 그립니다.

3 1의 선을 따라 물방울과 점을 그립니다.

WEDDING

결 혼

플레이트

웨딩드레스

케이크

흰색을 기본으로 우아한 웨딩 아이템 쿠키를 완성했습니다.
세심한 모양의 디자인을 하나하나 주의를 기울여 짜세요.

구두

웨딩드레스

재료

플레인 쿠키(형지 ㊾) → P.8
아라잔(실버) → P.30
그래뉴당

아이싱

아웃라인(WH)/ 중간
베이스(WH)/ 묽게
꽃(WH)/ 단단하게
모양, 부속품 접착(WH)/ 중간

1 깍지(P.18)를 사용해서 꽃을 짜고 중심에 아라잔을 올려 마르기 전에 그래뉴당을 뿌립니다.

2 드레스 모양에 아웃라인을 빼고 베이스를 칠합니다. 마르면 치마에 물방울 모양을 그립니다.

3 2의 모양에서 내려가듯 곡선을 2개 그립니다.

4 물방울과 점 모양을 그립니다.

5 가슴 윗부분에 점을 짜고 허리에 선을 4개 그립니다. 허리선에서 내려가듯 점과 물방울 모양을 그립니다.

6 2~5의 모양 아이싱이 마르면 치마 단에 가는 지그재그 선을 그리고 마르기 전에 그래뉴당을 뿌립니다. 허리끈 부분에 앞에서 만들어 둔 꽃을 붙입니다.

구두

재료

플레인 쿠키(형지 ㊿) → P.8
아라잔(실버) → P.30
그래뉴당

아이싱

아웃라인(WH)/ 중간
베이스(WH)/ 묽게
꽃(WH)/ 단단하게
모양, 부속품 접착(WH)/ 중간

1 구두 모양에 아웃라인을 빼고 베이스를 칠합니다. 마르면 곡선 모양을 그립니다.

* 먼저 '드레스' 1과 같은 순서로 크고 작은 꽃을 2개를 만들어 두세요.

2 점과 물방울 모양을 그립니다.

3 구두 입구에 점을 짜고 입구에 만들어 둔 꽃을 붙입니다.

케이크

재료

플레인 쿠키(형지 ⑥1) → P.8
리본(흰색)

아이싱

케이크 아웃라인(GY 약간+BR 약간)/ 중간
케이크 베이스(GY 약간+BR 약간)/ 묽게
케이크 받침대 아웃라인(WH)/ 중간
케이크 받침대 베이스(WH)/ 묽게
모양, 부속품 접착(WH)/ 중간

1 케이크 모양에 아웃라인을 빼고 베이스를 칠합니다. 마르면 케이크 받침대 모양에 아웃라인을 뺍니다.

2 케이크 받침대를 칠하고 케이크에 꽃과 잎 모양을 그립니다. 꽃 모양은 선을 이중으로 합니다.

3 2에서 꽃의 이중선 사이를 채우듯이 지그재그와 선을 그립니다. 잎 안도 같은 방법으로 짭니다.

4 꽃 중심, 케이크 전체, 케이크 받침대 위쪽에 점을 짭니다.

5 케이크 받침대 아래쪽 곡선 부분에 가는 지그재그 모양을 그립니다.

6 마지막으로 케이크 위에 점을 짜고 리본을 붙입니다.

플레이트

재료

플레인 쿠키(형지 ⑥2) → P.8
아라잔(실버) → P.30
그래뉴당

아이싱

아웃라인(GY 약간+BR 약간)/ 중간
베이스(GY 약간+BR 약간)/ 묽게
모양, 부속품 접착(WH)/ 중간

1 접시 모양에 아웃라인을 빼고 베이스를 칠합니다. 마르면 이중선을 두르듯이 모양을 그립니다.
* 먼저 '드레스' 1과 같은 순서로 큰 꽃을 1개, 작은 꽃을 2개 만들어 두세요.

2 사진처럼 모양을 그리세요.

3 쿠키 중심에 점을 3개 짜고 끝에 만들어 둔 꽃을 붙이세요.

선물 포장 아이디어

쿠키를 선물할 때는 포장에도 신경 쓰세요.
가벼운 포장부터 상자 포장까지 다양한 아이디어를 소개합니다.

왁스 페이퍼를
사용해서 가볍게

왁스 페이퍼를 잘라서 투명한 주머니에 쿠키와 함께 넣어 끈으로 묶으면 간단하게 완성입니다. 왁스 페이퍼는 기름에 물들지 않아서 편리합니다. 좋아하는 무늬로 예쁘게 꾸며 보세요.

쿠키 보관 기간

쿠키를 포장할 때는 건조제를 함께 넣습니다. 이 상태로 약 2주간은 보관할 수 있지만, 아이싱이 변할 수 있으므로 가능한 한 빨리 드세요. 건조제는 시트 타입을 추천합니다.

CD 케이스를 통해
쿠키가 언뜻 보여요

둥근 모양에 창이 뚫려 있는 CD
케이스(종이)를 포장에 사용하는
아이디어입니다. 언뜻 보이는 쿠
키가 귀엽습니다. 케이스 소재에
따라 기름이 물들 수 있으므로
쿠키 아래에 레이스 페이퍼와 왁
스 페이퍼를 깔아 주세요.

하나씩
클리어 케이스에 담아서

색이 있는 완충재를 담은 클리어
케이스에 쿠키를 하나씩 하나씩
담아서 상자에 넣습니다. 평범한
충격에도 부서지기 쉬운 쿠키도
안심입니다. 받는 상대도 포장 그
대로 장식할 수 있어 한층 더 즐
겁습니다.

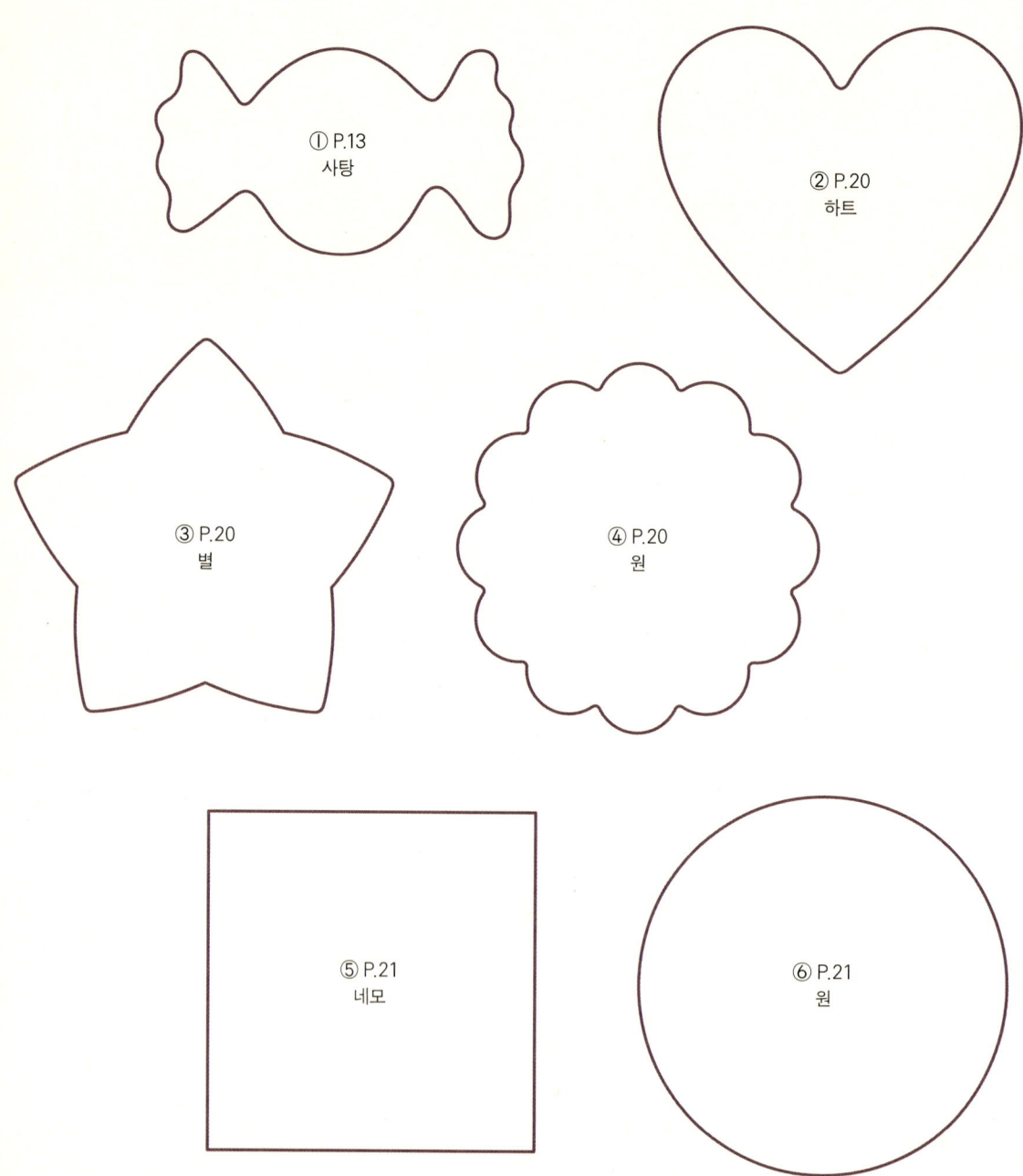

① P.13
사탕

② P.20
하트

③ P.20
별

④ P.20
원

⑤ P.21
네모

⑥ P.21
원

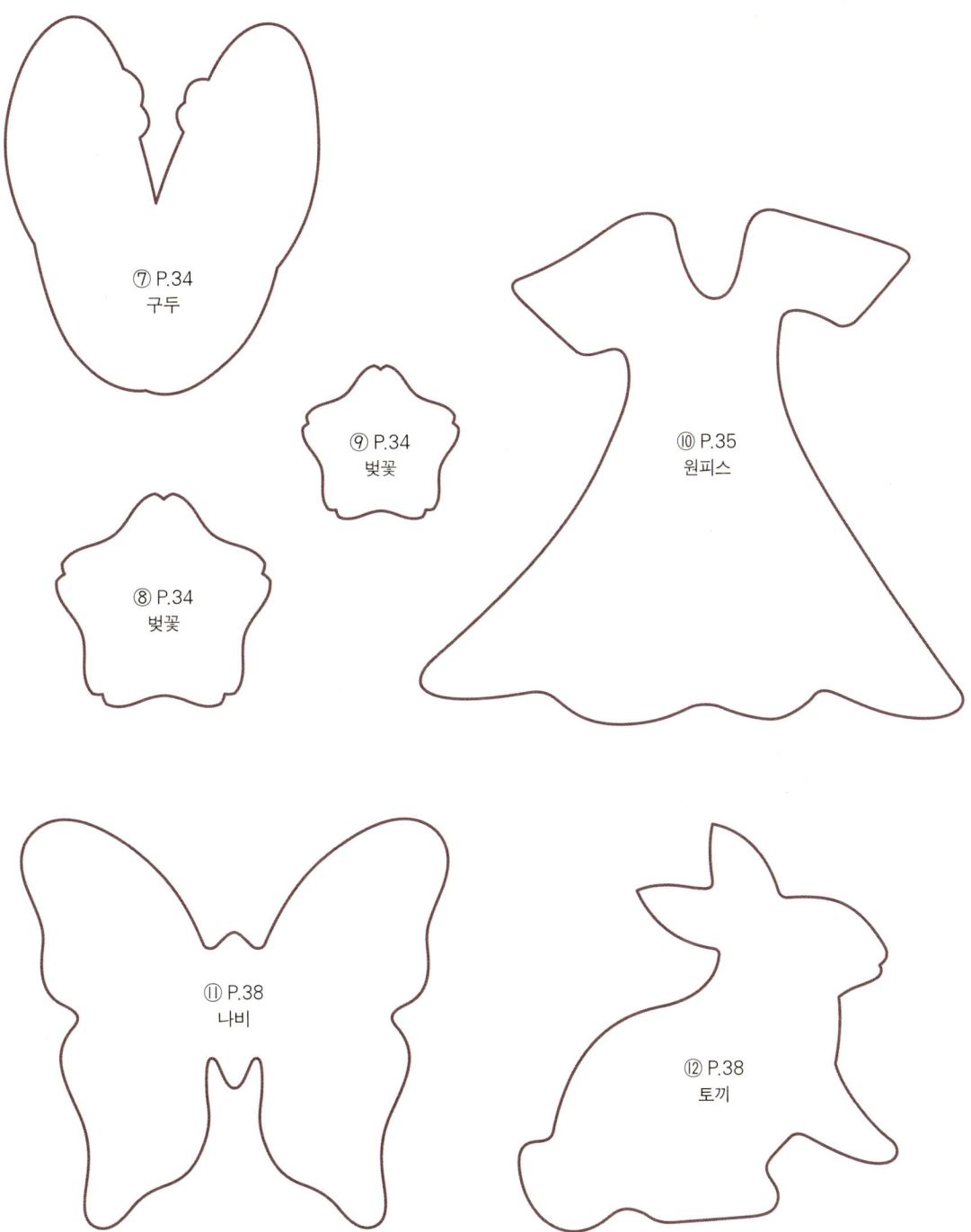

⑦ P.34
구두

⑨ P.34
벚꽃

⑧ P.34
벚꽃

⑩ P.35
원피스

⑪ P.38
나비

⑫ P.38
토끼

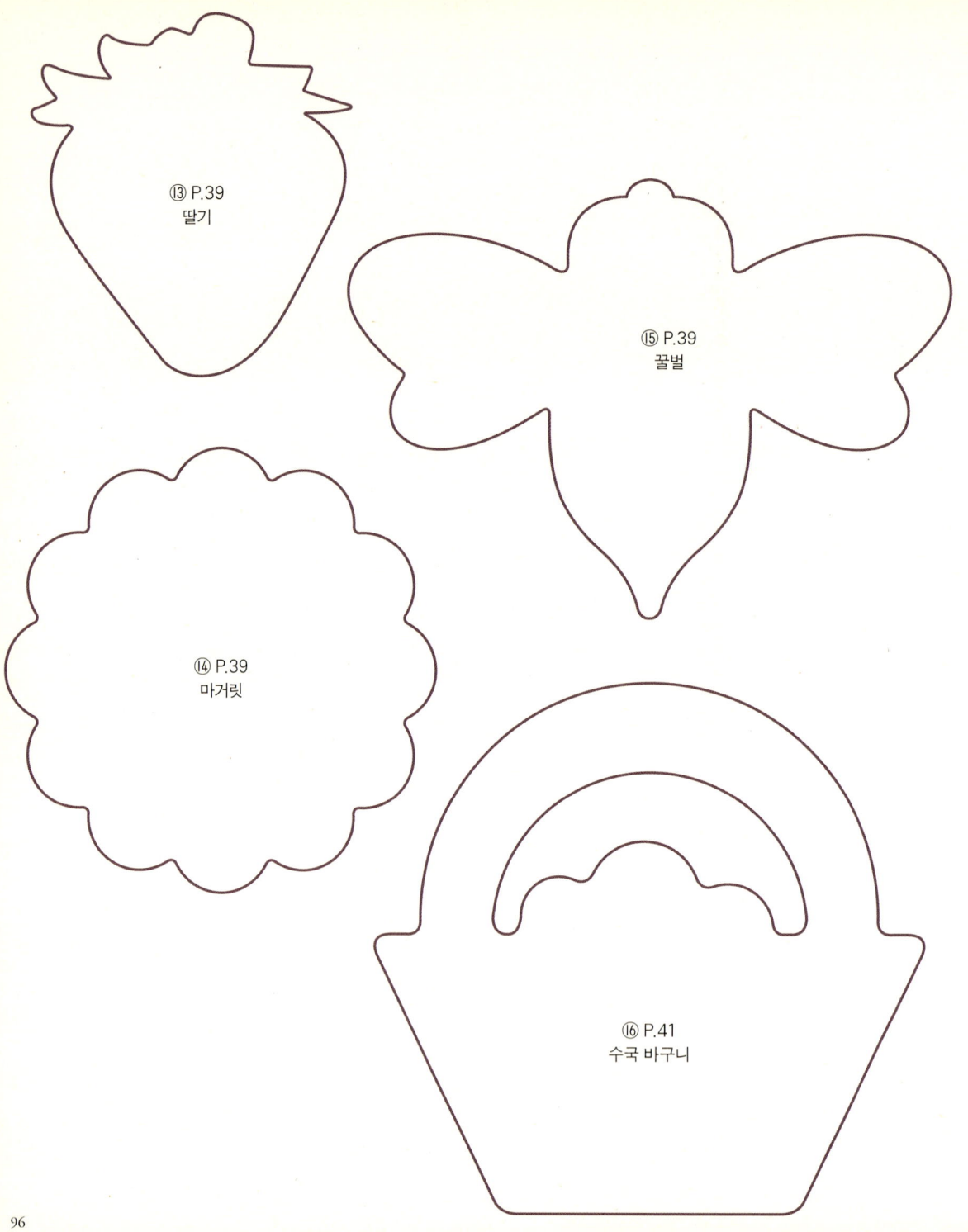

⑬ P.39
딸기

⑮ P.39
꿀벌

⑭ P.39
마거릿

⑯ P.41
수국 바구니

⑰ P.44
인어

⑱ P.44
성

⑲ P.45
조개

⑳ P.45
돌고래

㉑ P.45
닻

㉓ P.48
비키니

㉔ P.48
원피스

㉒ P.45
불가사리

97

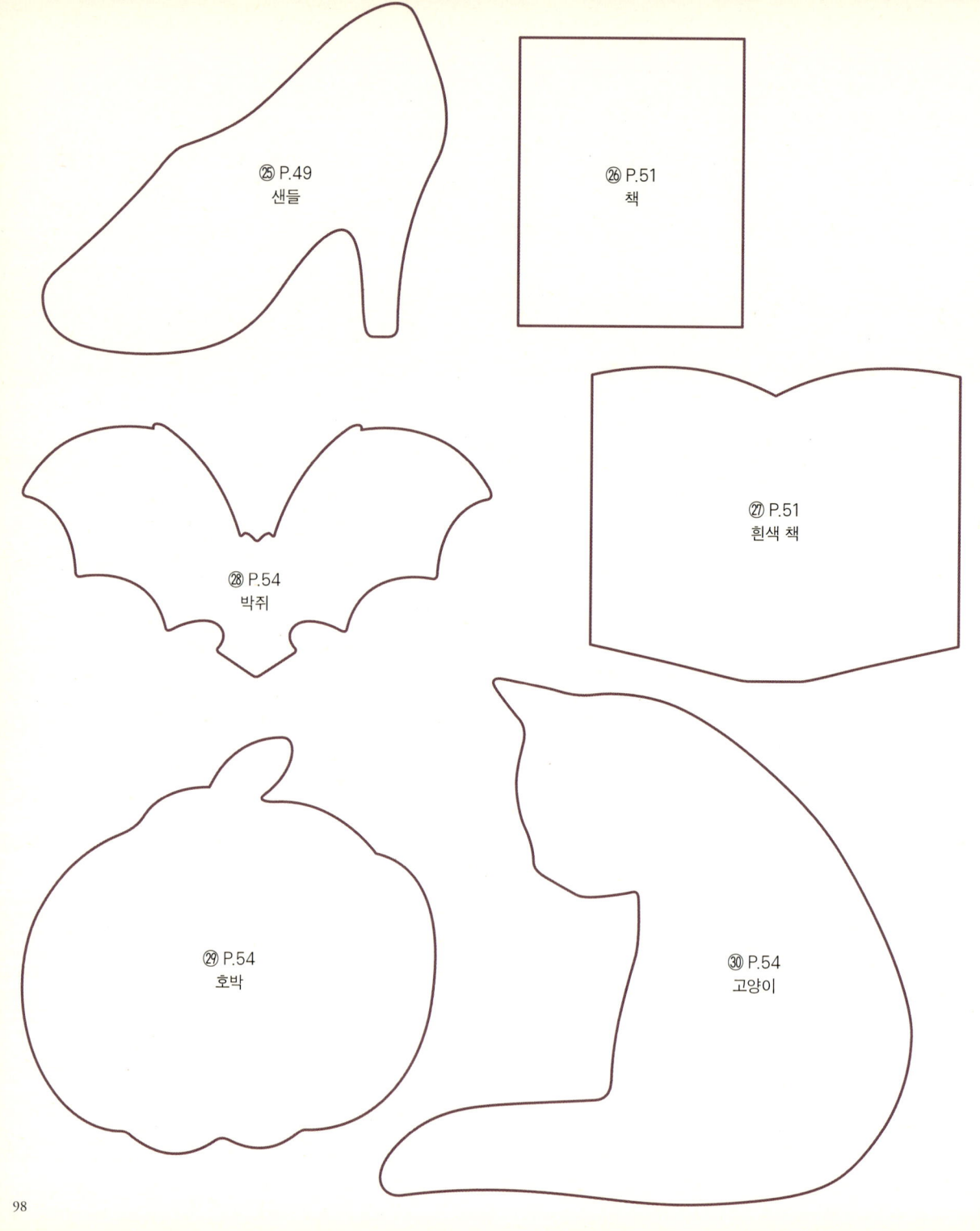

㉕ P.49
샌들

㉖ P.51
책

㉗ P.51
흰색 책

㉘ P.54
박쥐

㉙ P.54
호박

㉚ P.54
고양이

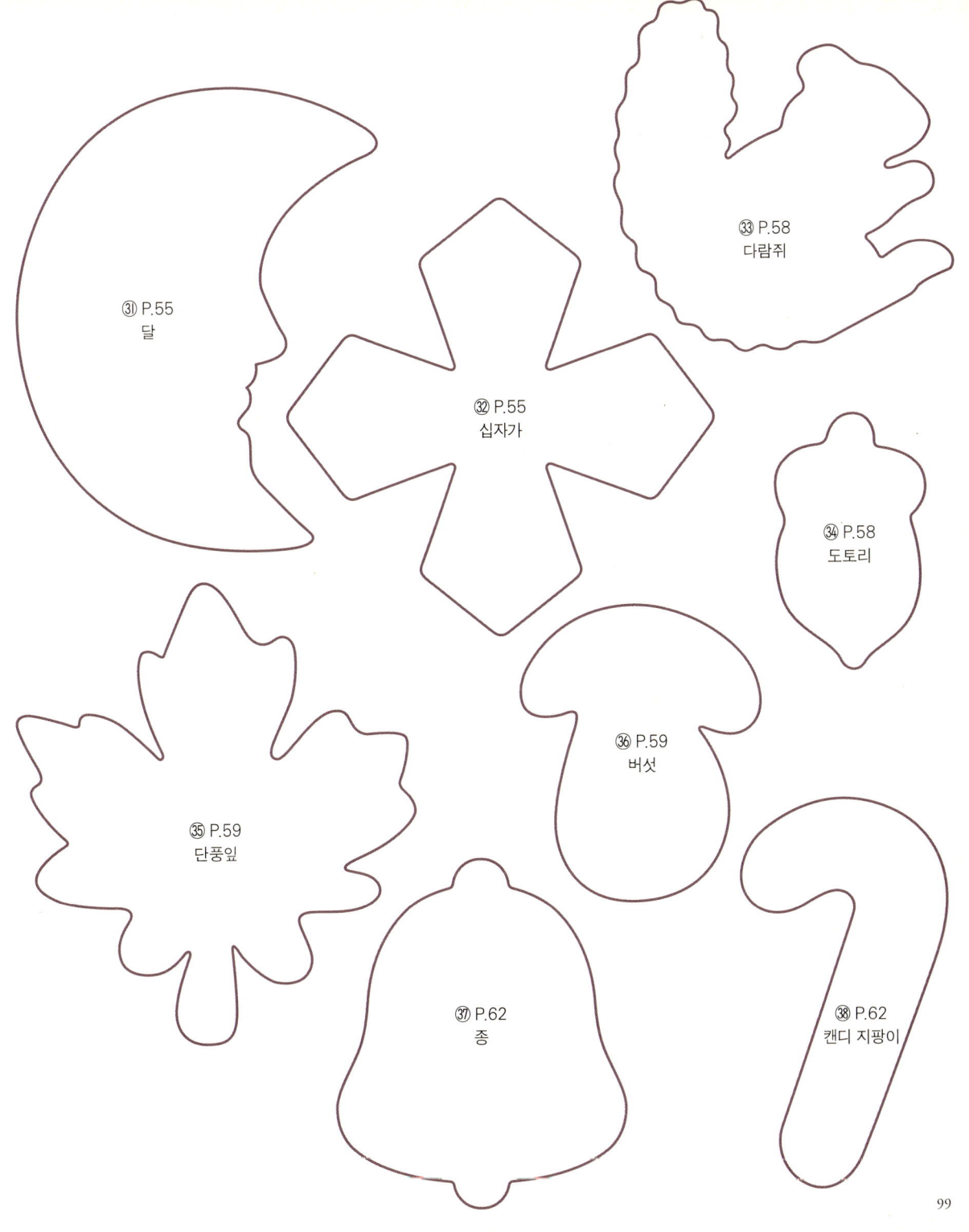

㉛ P.55
달

㉜ P.55
십자가

㉝ P.58
다람쥐

㉞ P.58
도토리

㉟ P.59
단풍잎

㊱ P.59
버섯

㊲ P.62
종

㊳ P.62
캔디 지팡이

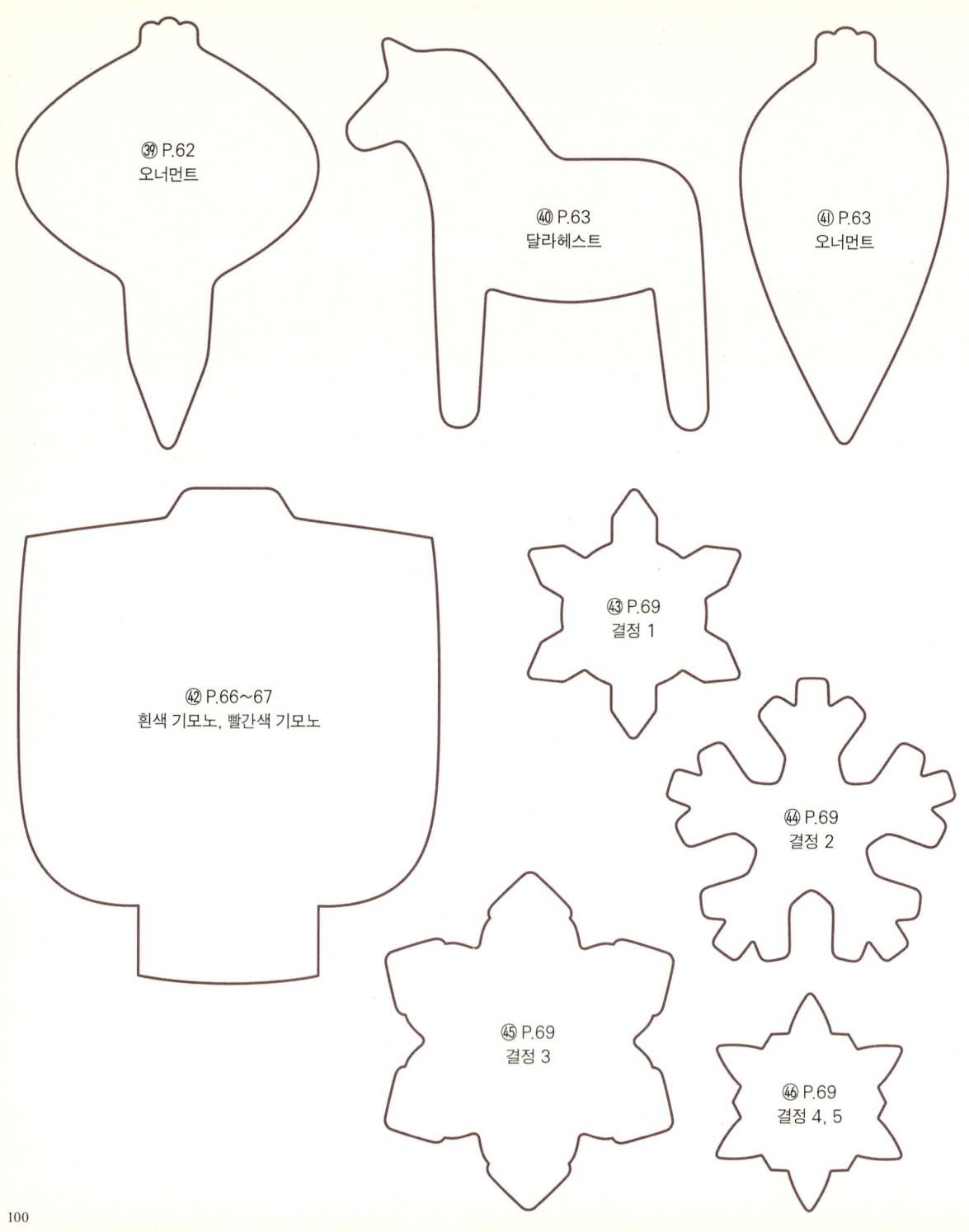

㊴ P.62
오너먼트

㊵ P.63
달라헤스트

㊶ P.63
오너먼트

㊷ P.66~67
흰색 기모노, 빨간색 기모노

㊸ P.69
결정 1

㊹ P.69
결정 2

㊺ P.69
결정 3

㊻ P.69
결정 4, 5

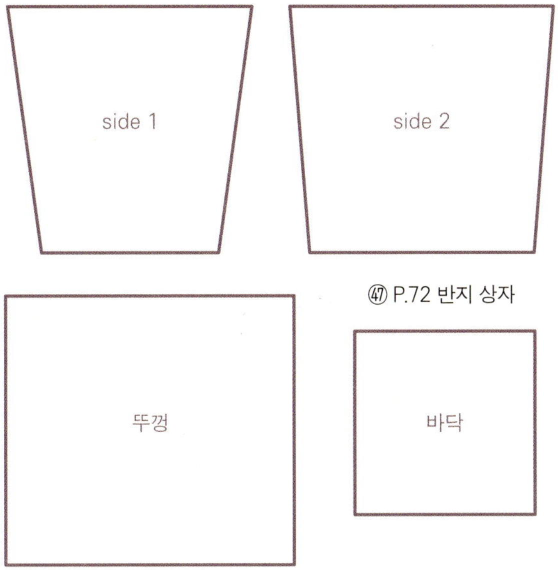
side 1
side 2
㊼ P.72 반지 상자
뚜껑
바닥

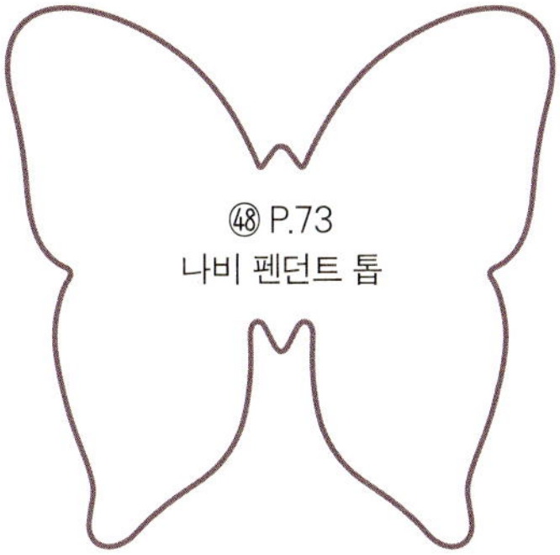
㊽ P.73
나비 펜던트 톱

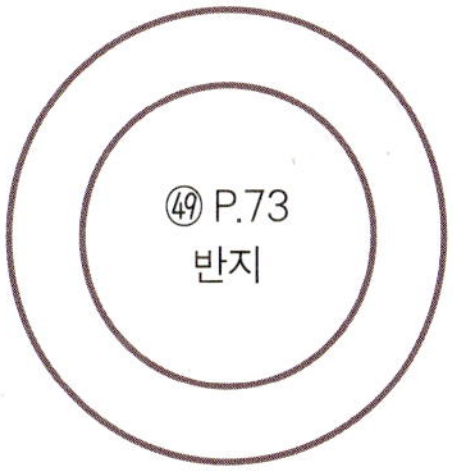
㊾ P.73
반지

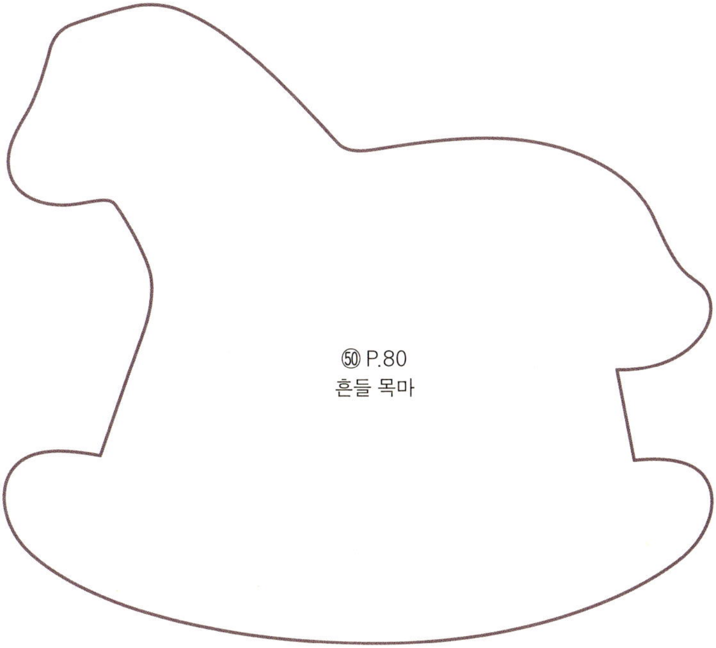
㊿ P.80
흔들 목마

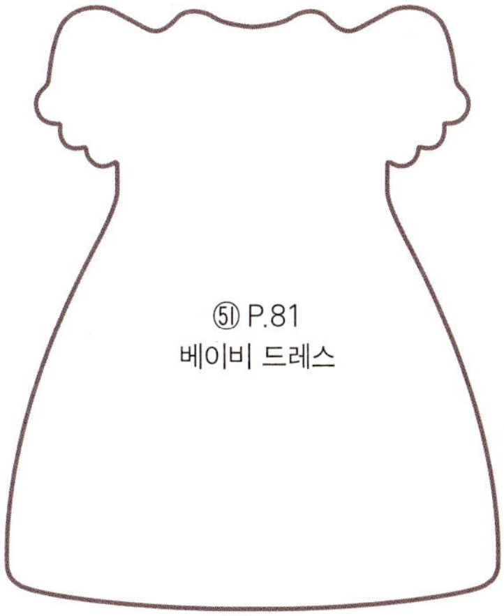
(51) P.81
베이비 드레스

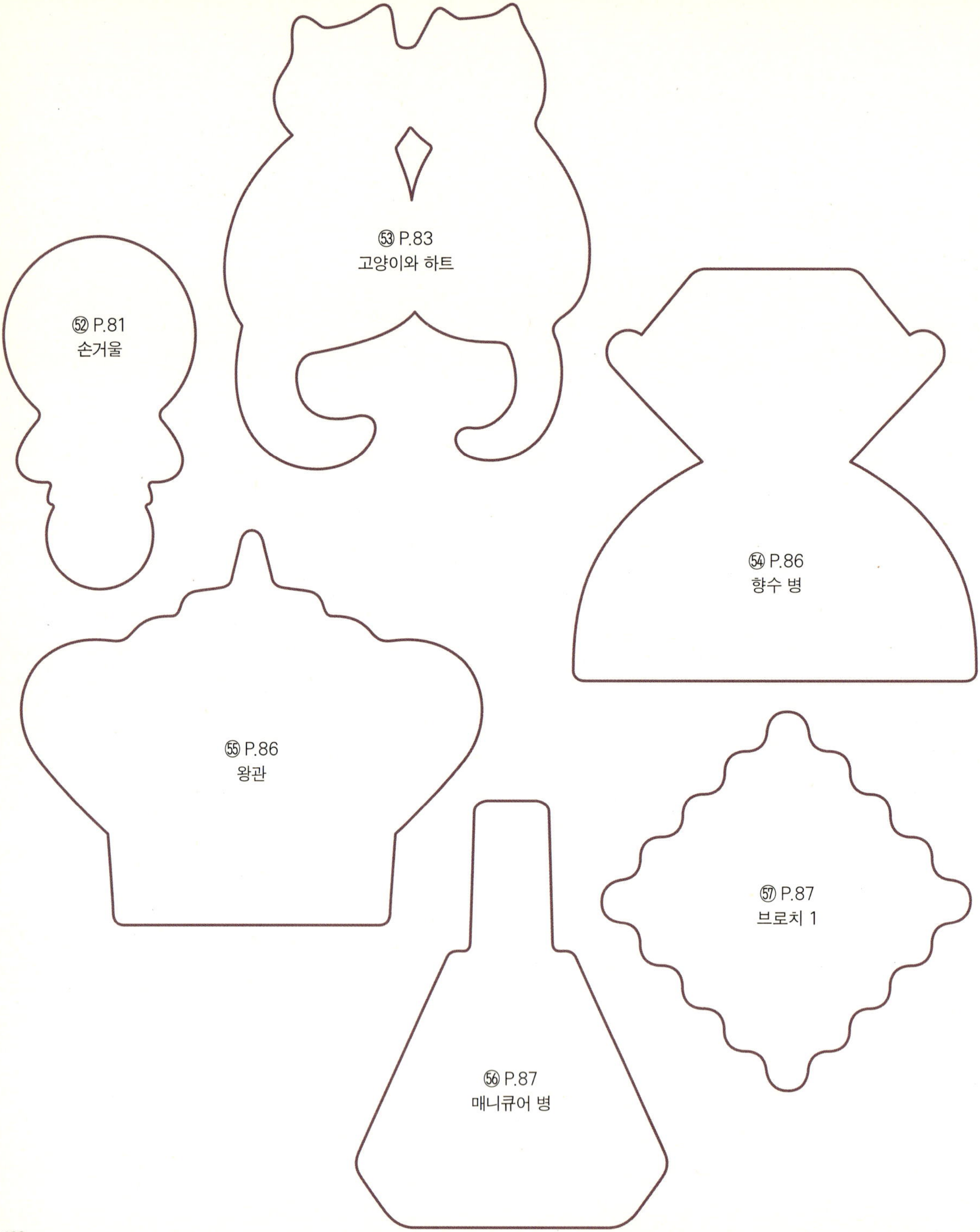
(53) P.83
고양이와 하트
(52) P.81
손거울
(54) P.86
향수 병
(55) P.86
왕관
(57) P.87
브로치 1
(56) P.87
매니큐어 병

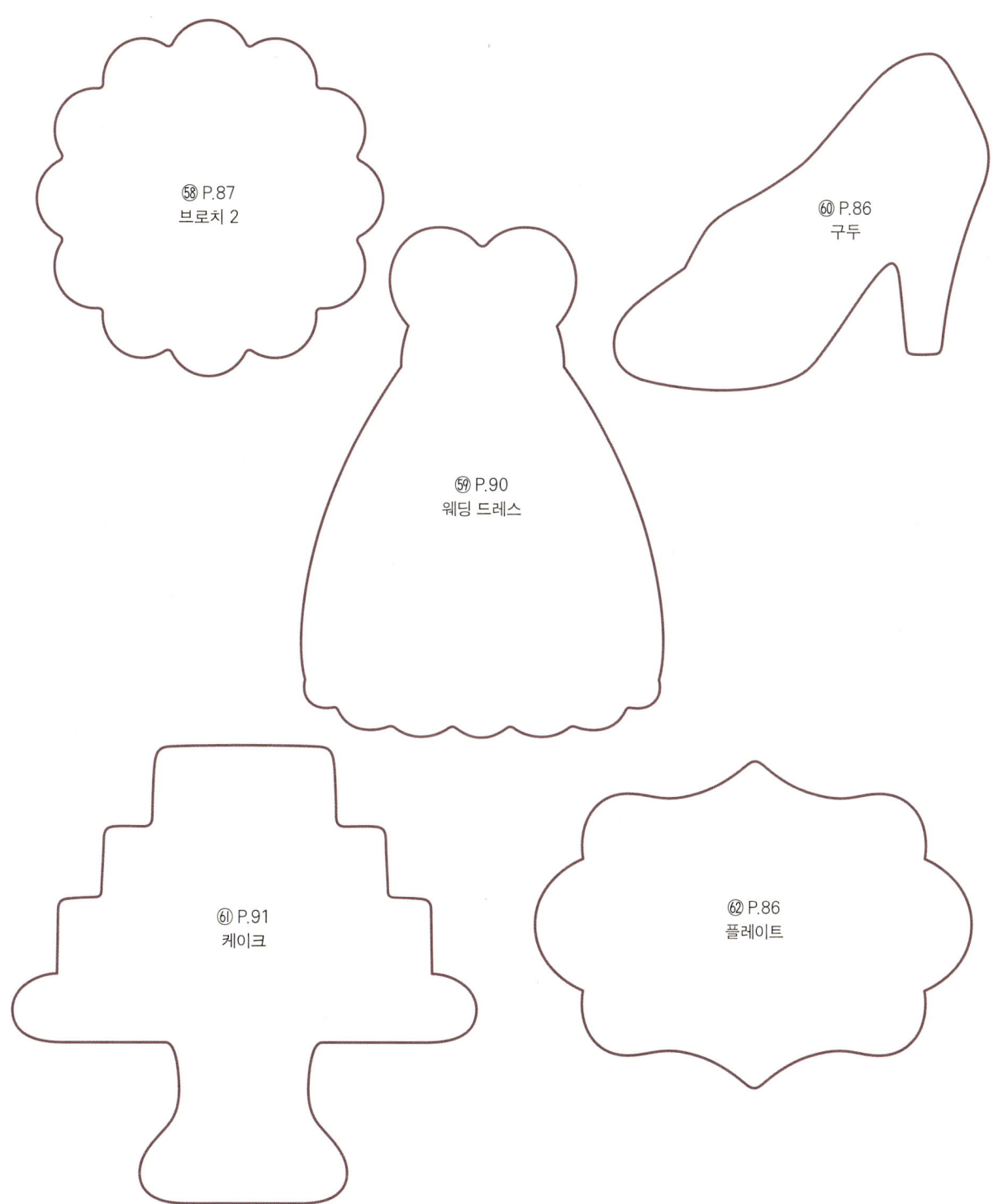

58 P.87
브로치 2

60 P.86
구두

59 P.90
웨딩 드레스

61 P.91
케이크

62 P.86
플레이트

Icing Cookie Lesson Book

ⓒ Akina Matsuhira 2014

First published in Japan 2014 by Gakken Publishing Co., Ltd., Tokyo.
Korean translationl rights arranged with Gakken Publishing Co., Ltd.
through The English Agency(Japan) Ltd. and Danny Hong Agency.
Korean translation copyright ⓒ 2015 by Turning Point

촬영 가미노카와 치하야

스타일링 스즈키 마사코

디자인 우바 토모코

편집 도우무

교열 미네공방

형지 제작 사카가와 유미카

아이싱 쿠키 레슨 북

2015년 9월 7일 초판 1쇄 인쇄
2015년 9월 14일 초판 1쇄 발행

지은이 마쓰히라 아키나
옮긴이 문희언
펴낸이 정상석

기획·편집 문희언
편집·표지 디자인 이지선
형지 디자인 홍수정
펴낸 곳 터닝포인트
등록번호 2005. 2. 17 제 6-738호
주소 (121-869) 서울특별시 마포구 동교로27길 53 지남빌딩 308호
대표전화 (02) 332-7646
팩스 (02) 3142-7646
ISBN 978-89-94158-76-1 13590
정가 12,000원
내용 및 원고 집필 문의 diamat@naver.com
터닝포인트는 삶에 긍정적 변화를 가져오는 좋은 원고를 환영합니다.